Eva Lübbe

Physik im Studienkolleg

Zur Vorbereitung auf die Feststellungsprüfung

Die habilitierte Physikerin Eva Lübbe unterrichtet Physik am
Rahn Studienkolleg Halle

Bibliografische Information der Deutschen Nationalbibliothek: Die Deutsche Nationalbibliothek verzeichnet diese Publikation in der Deutschen National-bibliografie; detaillierte bibliografische Daten sind im Internet über dnb.dnb.de abrufbar.

© 2024 Eva Lübbe
Herstellung und Verlag: BoD - Books on Demand, Norderstedt, 2023
10. erweiterte und verbesserte Auflage

ISBN: 9783758306204

Vorwort

Das vorliegende Lehr- und Übungsbuch ist zur Vorbereitung auf die Feststellungsprüfung gedacht. Da die Physik im Studienkolleg auf wenige ausgewählte Teilgebiete der Physik beschränkt ist, sollen nur diese Inhalte hier zusammenfassend dargestellt werden. Ein großer Teil der Kapitel ist den Übungsaufgaben gewidmet. Die Übungsaufgaben in den einzelnen Kapiteln beginnen mit sehr leichten Aufgaben, die der Auffrischung schon vorhandener Kenntnisse dienen und nehmen dann an Schwierigkeit zu. Die Lösungen zu den Übungsaufgaben sind am Ende des Buches zu finden.

Vollständige Lösungen sind in dem Buch „Physik im Studienkolleg - Aufgaben mit vollständigen Lösungen", Amazon Kindel Direct Publishing 2022, ISBN: 9798464885738 zu finden.

Das Buch ist in folgende Kapitel gegliedert.

Grundlagen, (Basiseinheiten der Physik, Vorsätze vor Maßeinheiten, Skalare und Vektoren, Modell des Massenmittelpunktes, Bezugssysteme)
Kinematik, (Geschwindigkeit, Beschleunigung, lineare Bewegungen, freier Fall, Wurf, Kreisbewegung)
Masse und Kraft (Newtonsche Gesetze, Kräfte addieren und zerlegen, Seilkräfte, Hooksches Gesetz, Statik)
Dynamik (Reibung, Schiefe Ebene, Flaschenzug, Atwoodsche Fallmaschine, Stoßprozessse)
Energie, Energieerhaltung, Arbeit und Leistung
Kreisbewegung von starren Körpern und Drehimpulserhaltung
Schwingungen (Grundbegriffe, Federschwinger, Fadenpendel)
Wärmelehre (Wärmedehnung, Kaloriemetrie, 1.Hauptsatz der Wärmelehre)
Elektrostatik (Ladung, elektrisches Feld, Bewegung von Teilchen im Feld, Spannung, Kapazität und potentielle Energie)
Gleichstromkreis (Ohmscher Widerstand, Reihen- und Parallelschaltung, Kirchhoffsche Gesetze, Leistung)
Elektromagnetische Wechselwirkung (Magnetfelder, Induktion, Wechselstrom, Beschleuniger)
Geometrische Optik (Licht, Reflexion, Brechung, Auge, Optische Geräte)

Bei den einzelnen physikalischen Gesetzen werden auch die zugehörigen Physiker und zum Teil Jahreszahlen der Entdeckung erwähnt. Diese erscheinen für das historische Verständnis wichtig, sind aber kein Teil des Prüfungsstoffs.

Inhalt

1 Grundlagen

Basiseinheiten der Physik

Im **SI-System** (französisch für *système international d'unités*) werden 7 physikalische Grundgrößen und deren Einheiten (SI-Basiseinheiten) definiert:

- **Meter** (m), Einheit der Länge

- **Kilogramm** (kg), Einheit der Masse

- **Sekunde** (s), Einheit der Zeit

- **Ampere** (A), Einheit der Stromstärke

- **Kelvin** (K), Einheit der Temperatur

- **Mol** (mol), Einheit der Stoffmenge

- **Candela** (cd), Einheit der Lichtstärke

Weiter Einheiten, die wir benötigen, lassen sich auf diese Basiseinheiten zurückführen.

Newton (N) als Einheit der Kraft: $\quad 1\,\mathrm{N} = 1\dfrac{\mathrm{kg}\cdot\mathrm{m}}{\mathrm{s}^2}$

Coulumb (C) als Einheit für die Ladung: $1\,\mathrm{C} = 1\,\mathrm{A}\cdot\mathrm{s}$

Volt (V) als Einheit für die elektrische Spannung $1\,\mathrm{V} = 1\dfrac{\mathrm{kg}\cdot\mathrm{m}^2}{\mathrm{s}^3\mathrm{A}} = 1\dfrac{\mathrm{W}}{\mathrm{A}}$

Watt (W) als Einheit für die elektrische Energie: $1\,\mathrm{W} = 1\,\mathrm{V}\cdot\mathrm{A}$

Joule (J) als Einheit für die Wärmeenergie: $1\,\mathrm{J} = 1\,\mathrm{N}\cdot\mathrm{m} = 1\,\mathrm{W}\cdot\mathrm{s}$

Farad (F) als Einheit für die Kapazität eines Kondensators: $1\,\mathrm{F} = 1\dfrac{\mathrm{C}}{\mathrm{V}}$

Tesla (T) als Einheit der magnetischen Flussdichte: $1\,\mathrm{T} = 1\dfrac{\mathrm{Vs}}{\mathrm{m}^2}$

Henry (H) als Einheit der Induktivität: $1\,\mathrm{H} = 1\dfrac{\mathrm{Vs}}{\mathrm{A}}$

Weber (Φ) als Einheit des magnetischen Flusses: $1\,\mathrm{Wb} = 1\,\mathrm{V}\,\mathrm{s}$

Dioptrie (D) als Einheit der Brechkraft: $\quad 1\,\mathrm{dpt} = \dfrac{1}{\mathrm{m}}$

Die gebräuchlichsten **Vorsätze vor Maßeinheiten** sind:

- **Giga** (G) für 1.000.000.000 (oder 10^9)
- **Mega** (M) für 1.000.000 (oder 10^6)
- **Kilo** (k) für 1000 (oder 10^3)
- **Milli** (m) für 0,001 (oder 10^{-3})
- **Mikro** (μ) für 0,000001 (oder 10^{-6})
- **Nano** (n) für 0,000000001 (oder 10^{-9})
- **Pico** (p) für 0,000000000001 (oder 10^{-12})

Skalare physikalische Größen und Vektoren

Für die Beschreibung einiger physikalischer Größen, brauchen wir (neben einer Maßeinheit) nur eine Zahl, auch Skalar genannt.

Für einige physikalische Größen reicht eine Zahl zur Beschreibung nicht aus, weil sie eine Richtungsinformation enthalten. Bei einer Kraft zum Beispiel ist es sehr wesentlich zu wissen, in welche Richtung die Kraft wirkt, oder bei der Angabe einer Geschwindigkeit eines Körpers in welche Richtung sich der Körper bewegt. Für ihre Beschreibung wird (neben einer Einheit) ein Pfeil oder **Vektor** benötigt. Die Richtung des Pfeils entspricht der Richtung der Kraft, Geschwindigkeit, usw. und die Länge des Pfeils entspricht der Größe der Kraft, Geschwindigkeit, usw. Diese Größen nennt man vektorielle Größen. Zur Unterscheidung der vektoriellen Größen von den skalaren wird der Vektor mit einem Pfeil oberhalb des Buchstabens gekennzeichnet oder durch Fettdruck.

So, wie in der Geometrie, wird auch in der Physik der **Ort** (engl. *position*) eines Punktes durch die Koordinatenabstände vom Ursprung des Bezugssystems angegeben, dem sogenannten Ortsvektor. Je nach Aufgabenstellung verwendet man ein eindimensionales, zweidimensionales oder dreidimensionales, meist kartesisches, Bezugssystem. Im eindimensionalen Fall wird im Allgemeinen auf die Vektorschreibweise verzichtet.

Modell des Massenmittelpunkts

Im realen Leben hat man es nie mit mathematischen Punkten, sondern mit ausgedehnten Körpern wie Planeten, Raketen und Autos zu tun. Trotzdem kann man in vielen Fällen das Modell des Massenmittelpunktes anwenden. Bei dieser Vereinfachung tut man so, als wäre die gesamte Masse des Körpers in einem einzigen Punkt, dem Massenmittelpunkt oder Schwerpunkt, konzentriert. In allen Rechnungen wird dieser Punkt stellvertretend für den ganzen Körper verwendet.

Koordinatensysteme und Bezugssysteme

Für die Beschreibung physikalischer Vorgänge benutzt man neben den Formeln auch grafische Darstellungen. Meist werden kartesische Koordinatensysteme verwendet.

Jede Messung eines Ortes, eines Weges oder einer Geschwindigkeit muss mittels eines **Bezugssystems** durchgeführt werden. Im Alltag meinen wir „in Bezug auf die Erde", ohne überhaupt darüber nachzudenken.

2 Kinematik

2.1 Geschwindigkeit

Die Kinematik ist ein Teilgebiet der Mechanik, das die Bewegung von Körpern mit den Größen Zeit, Ort, Geschwindigkeit und Beschleunigung beschreibt. Unberücksichtigt bleiben die Kraft, die Masse und alle davon abgeleiteten Größen wie Impuls oder Energie. Die Kinematik wird auch als **Bewegungslehre** bezeichnet.

Ort, Geschwindigkeit und Beschleunigung sind über die Zeit miteinander verbunden: Den **Ort** eines Körpers beschreibt man mit dem Ortsvektor. Auch Geschwindigkeit und Beschleunigung sind vektorielle Größen. Der zurückgelegte Weg ist immer eine positive skalare Größe.

Unter der **Durchschnittsgeschwindigkeit** (engl. _average speed_) versteht man das Verhältnis von zurückgelegtem Weg s und der dafür benötigten Zeit t.

$$\overline{v} = \frac{s}{t}$$

Die Geschwindigkeit ist der Quotient einer Länge und einer Zeit. Daher ergibt sich für die Einheit der Geschwindigkeit der Ausdruck m/s („Meter pro Sekunde"). Im Alltag wird meistens die Einheit km/h („Kilometer pro Stunde") verwendet.

Beispiel für die Umrechnung von km/h in m/s:

$$36 \text{ km/h} = 36000 \text{ m} / 60 \text{ min} = 36000 \text{ m}/3600 \text{ s} = 10 \text{ m/s}$$

Man sieht, dass die Umrechnung mit dem Faktor 3,6 erfolgt.

Anders als die Durchschnittsgeschwindigkeit ist die **mittlere Geschwindigkeit** v_m als Quotient aus Ortsänderung und Zeitänderung definiert.

$$v_m = \frac{s_2 - s_1}{t_2 - t_1} = \frac{\Delta s}{\Delta t}$$

Für Ortskoordinaten wird oft der Buchstabe „r" verwendet, während der Weg, bzw. die Strecke mit „s" bezeichnet wird.

Um die mittlere Geschwindigkeit eines Körpers zu bestimmen, muss man zunächst den Ort des Körpers zu zwei unterschiedlichen Zeitpunkten messen. Für die Differenz der Orte subtrahiert man von dem Ort des späteren Zeitpunkts den

Ort des früheren Zeitpunkts. Dasselbe macht man mit den Zeitpunkten, um die verstrichene Zeit zu erhalten. Die Differenz von zwei Vektoren ergibt ebenfalls einen Vektor. Dagegen sind Zeitangaben Skalare. Die Division eines Vektors durch eine Zahl ergibt einen Vektor, und somit ist die mittlere Geschwindigkeit eine vektorielle Größe. Zur Unterscheidung der Vektoren von den Skalaren schreibt man den Buchstaben eines Vektors fett oder mit einem Pfeil über dem Buchstaben.

Der Ortsvektor r wird also **r** oder $\vec{r}$ geschrieben.

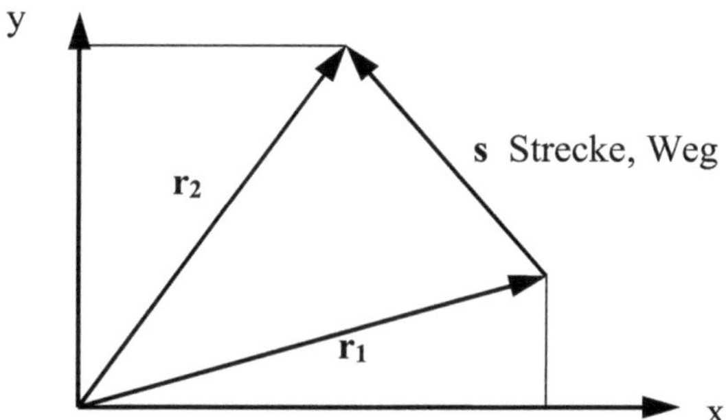

Bild 2.1 *Darstellung einer Strecke mit Hilfe von Ortsvektoren*

Die mittlere Geschwindigkeit kann– im Gegensatz zur Durchschnittsgeschwindigkeit – auch negativ sein. Die mittlere Geschwindigkeit zeigt ja die Richtung der Bewegung in einem Koordinatensystem an.

Bei einer Rundreise, bei der Anfangsort und Zielort identisch sind, wo also keine Ortsänderung vorliegt, ist die mittlere Geschwindigkeit über die gesamte Reise sogar immer Null, der Nullvektor. Die Durchschnittsgeschwindigkeit ist bei einer Rundreise auf jeden Fall ein positiver Wert ungleich Null.

Das Tempo (die Schnelligkeit) entspricht einfach der Länge, d.h. dem Betrag des Geschwindigkeitsvektors. Man kann das Tempo am Tachometer eines Fahrzeuges ablesen.

Unglücklicherweise wird im deutschen Sprachraum der umgangssprachliche Begriff „Geschwindigkeit" sowohl für die ungerichtete Größe *Tempo (Schnelligkeit oder Bahngeschwindigkeit)* (engl. *speed*) als auch für die gerichtete Größe *Geschwindigkeit* (engl. *velocity*) verwendet. Die **Momentangeschwindigkeit** (engl. *instantaneous velocity*) ist der Grenzwert des Differenzenquotienten aus Weg und Zeit, die erste Ableitung des Weges nach der Zeit.

$$v = \lim_{\Delta t \to 0} \frac{\Delta s}{\Delta t}$$

Die zeitliche Änderung der Geschwindigkeit wird als Beschleunigung bezeichnet. Die mittlere Beschleunigung berechnet man mit der folgenden Formel:

$$a_m = \frac{v_2 - v_1}{t_2 - t_1}$$

Tabelle Typische Geschwindigkeiten

	Geschwindigkeit
Wachstum eines Stalaktiten	1 mm/10 a
Regenwurm	0,001 m/s
Haarwachstum	$3 \cdot 10^{-9}$ m/s $\approx$ 0,3 mm/Tag
Fallschirmspringer im freien Fall	250 km/h
Thermische Bewegung von Elektronen im Metall	100 m/s
Luftteilchen bei 20°C	500 m/s
Elektronenbewegung bei geringen Spannungen	1 mm/s
Schallgeschwindigkeit in der Luft	331,3 m/s $+0,6$ m/s$\cdot(\vartheta/°C)$
Orkan	120 km/h

Tabelle Typische Beschleunigungen

	Beschleunigungen
Auto Anfahrt	$+ 5$ m/s^2
Auto Bremsen (trocken)	$- 6$ m/s^2
Auto Bremsen (nass)	$- 2$ m/s^2
Bemannte Rakete	50 m/s^2
Gewehrkugel im Lauf	105 m/s^2
Schwebfliege	100 m/s^2

14

Beispiel Berechnung einer Durchschnittsgeschwindigkeit

Mit welcher Geschwindigkeit bewegen wir uns auf der Erde um die Sonne?

Wir gehen von einer Kreisbahn mit einem Radius $r = 149{,}6 \cdot 10^6$ km aus. Diesen Wert finden wir im Tafelwerk. Eine Umdrehung, für die die Erde ein Jahr benötigt, hat eine Länge (einen Umfang) U von

$$U = 2 \cdot \pi r = 2 \cdot \pi \cdot 149{,}6 \cdot 10^9\,\text{m} = 939{,}9645 \cdot 10^9\,\text{m}$$

Die Zeit beträgt 1 Jahr = 365,25 Tage = 365,25·24 h = 8766 h.

Damit ergibt sich für die Geschwindigkeit

$$v = \frac{s}{t} = \frac{939{,}9645 \cdot 10^6\,\text{km}}{8766\,\text{h}} = 1{,}07 \cdot 10^5\,\frac{\text{km}}{\text{h}}$$

Das ist schneller, als wir uns vorstellen können.

2.2 Gleichförmige Bewegung

Bewegt sich ein Körper die ganze Zeit über mit einer konstanten Geschwindigkeit ungleich Null, spricht man von einer **gleichförmigen Bewegung** (engl. *uniform motion*). Das folgende Bild zeigt die Diagramme für die gleichförmige Bewegung (links) und für die gleichmäßig beschleunigte Bewegung rechts.

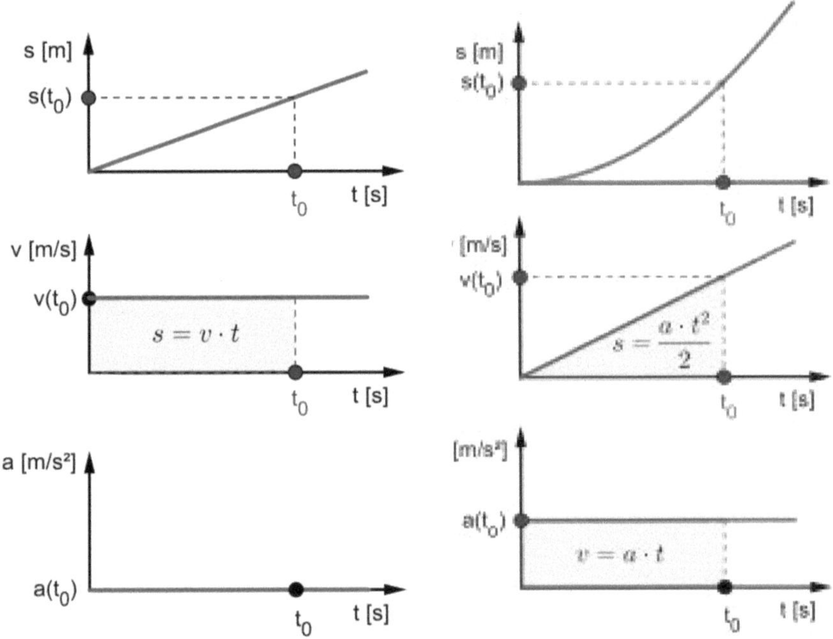

Bild 2.2 *Weg-Zeit-Diagramm, Geschwindigkeits-Zeit-Diagramm und Beschleunigungs-Zeit-Diagramm für die gleichförmige (links) und die gleichmäßig beschleunigte Bewegung (rechts)*

Bitte beachten Sie, dass der Weg bei der gleichförmigen Bewegung als Rechteckfläche betrachtet werden kann, während bei der gleichmäßig beschleunigten Bewegung der Weg einer Dreiecksfläche entspricht und die Geschwindigkeit als Rechtecksfläche betrachtet werden kann.

2.3 Gleichmäßig beschleunigte Bewegung

Nach der Beschleunigung kann man Bewegungen einteilen in die **gleichförmige Bewegung** mit einer Beschleunigung a = 0 und einer konstanten Geschwindigkeit v und in die **gleichmäßig beschleunigte Bewegung** mit einer konstanten Beschleunigung a = konst.

Wird ein Körper während seiner gesamten Bewegung konstant beschleunigt, spricht man von einer gleichmäßig beschleunigten Bewegung (engl. *uniformly accelerated motion*) (Bild 2.2 rechts).

Der freie Fall ist eine Bewegung mit der konstanten Erdbeschleunigung. Eine negative Beschleunigung tritt beim Bremsen auf.

Als Maßeinheit der Beschleunigung ergibt sich:

$$\frac{\text{m}}{\text{s}^2} .$$

Beginnt die gleichmäßig beschleunigte Bewegung aus der Ruhe, also ist zum Zeitpunkt t = 0 die Geschwindigkeit v = 0, kann die Momentangeschwindigkeit aus der Momentanbeschleunigung mit der folgenden Formel berechnet werden:

$$\mathbf{v} = \mathbf{a} \cdot t$$

Das entspricht im Geschwindigkeits-Zeit-Diagramm einer Geraden (mit positiver oder negativer Steigung) durch den Ursprung. Die Formel erkennt man auch im Beschleunigungs-Zeit-Diagramm, wo die gesamte Geschwindigkeitsänderung als Rechtecksfläche unter der Kurve zu sehen ist.

Beginnt die gleichmäßig beschleunigte Bewegung zum Zeitpunkt 0 am Ort Null, dann gilt die Formel

$$\mathbf{s} = \frac{1}{2}\mathbf{v} \cdot t = \frac{1}{2}\mathbf{a} \cdot t^2$$

Das entspricht im Orts-Zeit-Diagramm einer Parabel durch den Ursprung. Die Formel erkennt man auch im Geschwindigkeits-Zeit-Diagramm, wo die gesamte Ortsänderung als Dreiecks-Fläche unter der Kurve zu sehen ist. In diesem Fall entspricht zu jeder Zeit der Betrag des Ortes auch dem bis zu dieser Zeit zurückgelegten Weg.

Gleichmäßig beschleunigte Bewegungen sind zum Beispiel der freie Fall oder der senkrechte Wurf.

Beispiel 1 Beschleunigte Bewegung

Auf der Autobahn wird in 150 m Entfernung ein Hindernis entdeckt. Begründen Sie, dass

a) bei Tempo 130 km/h der Anhalteweg ausreicht,

b) es bei Tempo 150 km/ h zu einem Auffahrunfall kommt.

(Reaktionszeit 1 s, Bremsverzögerung – 6 m/s²)

geg. v_1 = 130 km/h = 36,1 m/s

v_2 = 150 km/h = 41,67 m/s

t = 1s

a = – 6 m/s²

Die erste Sekunde wird mit 130 km/h gefahren. Der dabei zurückgelegte Weg ist:

$$s_1 = v \cdot t = 36,1\ \frac{m}{s} \cdot 1\,s = 36,1\,m$$

Nun wird mit a = – 6m/s² abgebremst gefahren.
Die Bremszeit beträgt:

$$t = \frac{v_2 - v_1}{a} = \frac{0\,\frac{m}{s} - 36,1\,\frac{m}{s}}{-6\,\frac{m}{s^2}} = 6,02\,s$$

Wir berechen den gesamten zurückgelegten Weg, während der Schrecksekunde und während der Bremszeit.

$$s_{ges} = s_1 + s_2$$

$$s_2 = v_0 \cdot t + \frac{1}{2} \cdot a \cdot t^2 = 36,1\,\frac{m}{s} \cdot 6,02\,s + \frac{1}{2}\left(-6\,\frac{m}{s^2}\right) \cdot (6,02\,s)^2 = 108,7\,m$$

$$s_{ges} = s_1 + s_2 = 36,1\,m + 108,7\,m = 144,8\,m.$$

Das heißt, man kommt vor dem Hindernis zu stehen.

Führen wir die gleiche Rechnung mit der Anfangsgeschwindigkeit von 150 km/h durch, so ergibt sich ein Gesamtweg von 187 m, d.h. es kommt zu einem Auffahrunfall.

Beispiel 2 Beschleunigte Bewegung

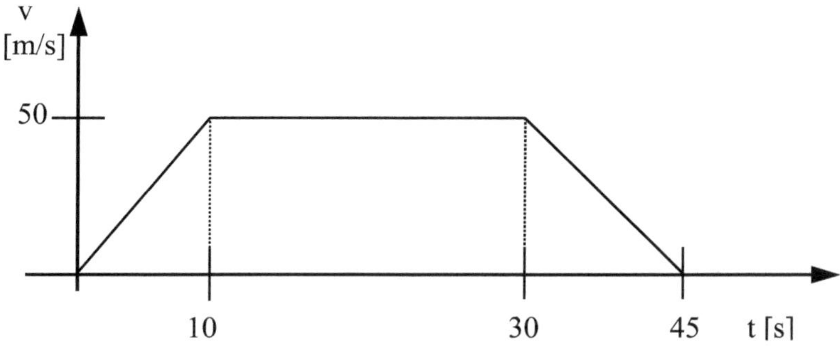

Bild 2.3 *Geschwindigkeits-Zeit-Diagramm*

Im Geschwindigkeits-Zeit-Diagramm ist eine kurze Autofahrt dargestellt. Berechnen Sie die Anfahrtsbeschleunigung, die Bremsbeschleunigung und den zurückgelegten Weg. Wie groß ist die Durchschnittsgeschwindigkeit?

Anfahrtsbeschleunigung:

$$a_1 = \frac{\Delta v}{\Delta t} = \frac{50\,\frac{m}{s}}{10\,s} = 5\,\frac{m}{s^2}$$

Bremsbeschleunigung:

$$a_2 = \frac{\Delta v}{\Delta t} = \frac{-50\,\frac{m}{s}}{15\,s} = -3{,}3\,\frac{m}{s^2}$$

Die Anfahrbeschleunigung beträgt 5m/s² und die Bremsbeschleunigung beträgt -3,3m/s².

Zurückgelegter Weg: Der Weg s setzt sich aus drei Teilen zusammen:

$$s = s_1 + s_2 + s_3 = \frac{1}{2}a_1 t_1^2 + v \cdot t + \frac{1}{2}|a_2| \cdot t_2^2$$

$$s = \frac{1}{2} \cdot 5\,\frac{m}{s^2}(10\,s)^2 + 50\,\frac{m}{s} \cdot 20\,s + \frac{1}{2}3{,}3\,\frac{m}{s^2}(15\,s)^2 = 1624{,}6\,m = 1{,}6\,km$$

Der zurückgelegte Weg beträgt 1,6 km.

Durchschnittsgeschwindigkeit:

$$\bar{v} = \frac{\Delta s}{\Delta t} = \frac{1624{,}6\,\text{m}}{45\,\text{s}} = 36{,}1\,\frac{\text{m}}{\text{s}} = 130\,\frac{\text{km}}{\text{h}}$$

Die Durchschnittsgeschwindigkeit war 130 km/h.

Freier Fall

Ein **freier Fall** (engl. *free fall*) ist die Bewegung eines zunächst ruhenden Körpers, der nur durch die Schwerkraft beeinflusst wird.

Alle Massen bewegen sich mit derselben konstanten Beschleunigung im freien Fall Richtung Erdboden, wenn man den Luftwiderstand vernachlässigt.

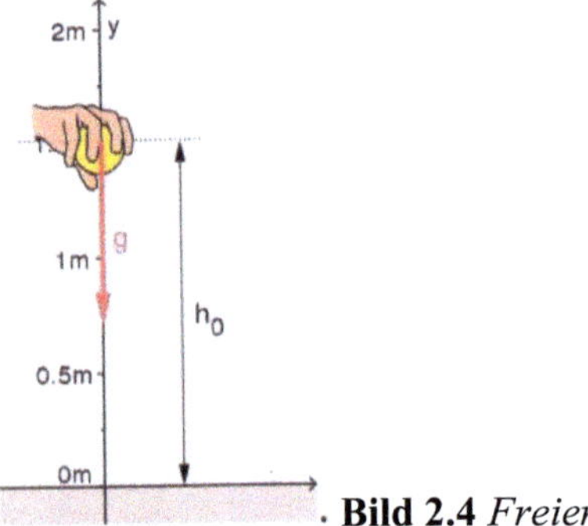

Bild 2.4 *Freier Fall*

Diese Beschleunigung nennt man **Fallbeschleunigung g**. Die Bewegung beginnt am Ort h_0, der Anfangshöhe. Meist legt man das Koordinatensystem so, dass „oben" der positiven y-Richtung und „unten" der negativen y-Richtung entspricht. Wir übernehmen die Gleichungen aus dem Kapitel über die gleichmäßig beschleunigte Bewegung und beachten, dass die Erdbeschleunigung nach unten gerichtet ist.

$$s = h_0 - \frac{g}{2}\, t^2$$

$$v = -\,g \cdot t$$

Beispiel

Eine Person lässt sich aus einem Fenster im 3. Stock (Höhe 10 m) in ein Sprungtuch der Feuerwehr fallen.

Zunächst wollen wir wissen, wie lange der freie Fall dauert. Die Bewegung endet auf dem Sprungtuch, für das wir die Höhe 0 festlegen.

In der Ortsgleichung setzen wir für den Ort 0 ein.

$$0 = 10\,\text{m} - \frac{9{,}81\,\text{m}}{2 \cdot \text{s}^2} \cdot t^2$$

Umformen der Gleichung und ausrechnen der Zeit t liefert das Ergebnis

$$t = 1{,}43\,\text{s}.$$

Als nächstes interessiert uns, wie groß die Geschwindigkeit des Springers beim Eintauchen in das Sprungtuch ist. Dazu setzen wir die eben errechnete Fallzeit in die Gleichung für die Geschwindigkeit ein.

$$v = -9{,}81 \cdot 1{,}43\,\text{m/s} = -14{,}03\,\text{m/s} = -50{,}5\,\text{km/h}$$

Der Fall der Person endet also nach einer Zeit von 1,43 s mit einer Geschwindigkeit von 50,5 km/h.

Wäre der Fall aus 20 m Höhe erfolgt, so würden wir für die Zeit 2,02 s und für die Geschwindigkeit am Ende des freien Falls 71,3 km/h erhalten.

Senkrechter Wurf

Unter einem **senkrechten** oder **lotrechten Wurf** (engl. *vertical projectile motion*) versteht man die Bewegung eines Körpers, der senkrecht in die Höhe geworfen wird. Dabei kommt es nicht nur auf die Anfangsgeschwindigkeit, sondern auch auf die lokale Fallbeschleunigung an. Sobald der Körper die Hand verlässt, nimmt seine Geschwindigkeit ständig ab, bis sie am Umkehrpunkt sogar kurzfristig Null ist. Ab jetzt bewegt sich der Körper mit zunehmender negativer Geschwindigkeit nach unten.

Bei dieser Bewegung handelt es sich um eine Überlagerung von zwei Bewegungen: einer gleichförmigen Bewegung (durch die vertikale Anfangsgeschwindigkeit v_0) und einer gleichmäßig beschleunigten Bewegung (durch die Fallbeschleunigung). In den Gleichungen kommen daher Anteile von beiden Bewegungsformen vor.

$$s = h_0 + v_0 \cdot t - \frac{g}{2} \cdot t^2$$

$$v = v_0 - g \cdot t$$

$$a = -g$$

Bei der Berechnung muss man also zwei entgegengesetzt gerichtete Geschwindigkeitskomponenten ansetzen, die man nach dem Unabhängigkeitsprinzip von Bewegungen als Vektoren addieren kann. Dieses Unabhängigkeitsprinzip von Bewegungen oder Superpositionsprinzip (engl. *principle of compound motion*), wurde schon von Galileo Galilei (1564–1641) entdeckt.

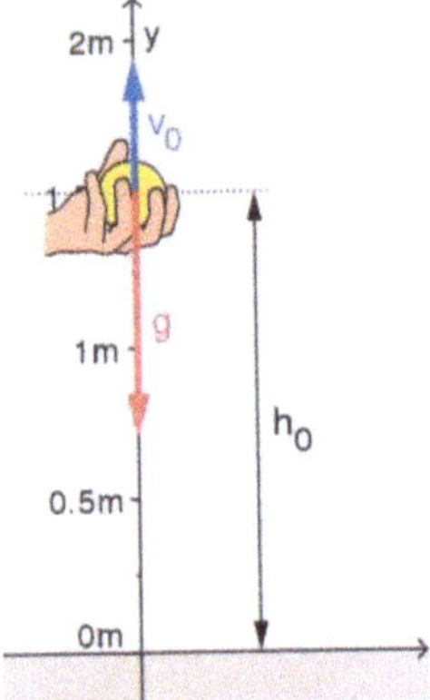

Bild 2.5 *Senkrechter Wurf nach oben*

Wie beim freien Fall handelt es sich auch beim senkrechten Wurf um eine eindimensionale Bewegung. Daher benötigen wir für die Beschreibung nur eine einzige Koordinatenachse.

Beispielrechnung

Eine Person wirft einen Jonglierball mit einer Anfangsgeschwindigkeit $v_0 = 5 m/s$ in die Höhe und fängt ihn auf derselben Höhe wieder auf. Es ist daher sinnvoll, die Anfangshöhe $h_0 = 0$ m zu setzen. Zunächst berechnen wir die Wurfzeit. Da der Ball in der Abwurfhöhe auch wieder gefangen wird, setzen wir in der Ortsfunktion für y den Ort 0 ein.

$$0 = 5\,\frac{m}{s}\cdot t - \frac{9,81}{2}\frac{m}{s^2}\cdot t^2$$

Löst man die quadratische Gleichung nach der Zeit, bekommt man zwei Lösungen: $t_1 = 0$ s und $t_2 = 1{,}02$ s. Das muss auch so sein, weil sich der Ball zweimal am Ort $y = 0$ befindet, einmal wenn er hochgeworfen wird und dann ein zweites

Mal, wenn er wieder gefangen wird. Die gesuchte Wurfdauer ist also die zweite Lösung, 1,02 s.

Als nächstes wollen wir berechnen, wie groß die Geschwindigkeit des Balls ist, wenn er wieder gefangen wird. Dazu setzt man die berechnete Wurfdauer in die Geschwindigkeits-Gleichung ein.

$$v = 5\,\frac{m}{s} - 9{,}81\,\frac{m}{s^2} \cdot 1{,}02\ s = -5\,\frac{m}{s}$$

Für die Geschwindigkeit erhält man wieder die Anfangsgeschwindigkeit allerdings mit negativem Vorzeichen. Der Körper bewegt sich nach unten.

Nun interessieren wir uns noch für die maximal erreichte Wurfhöhe (Scheitelhöhe) h_{max}. Wir brauchen dazu die Zeit bis der Körper den Umkehrpunkt, die maximale Wurfhöhe erreicht (Steigzeit). Am Umkehrpunkt ist die Geschwindigkeit gleich Null. Das verwenden wir, um aus der Geschwindigkeits-Gleichung die Steigzeit t_s bis zum Erreichen des Umkehrpunkts zu berechnen.

Löst man die Gleichung, erhält man den Wert $t_s = 0{,}51 s$.

Das ist genau die Hälfte der Zeit zwischen Abwerfen und Auffangen des Körpers. Diese Zeit können wir jetzt verwenden, um aus der Ortsgleichung die maximale Wurfhöhe h_{max} zu berechnen. Wir erhalten für die maximale Wurfhöhe 1,27 m über dem Abwurfpunkt.

Beim **senkrechten Wurf nach unten** wirken die Abwurfgeschwindigkeit und die Erdbescheunigung in der gleichen Richtung.

Waagrechter Wurf

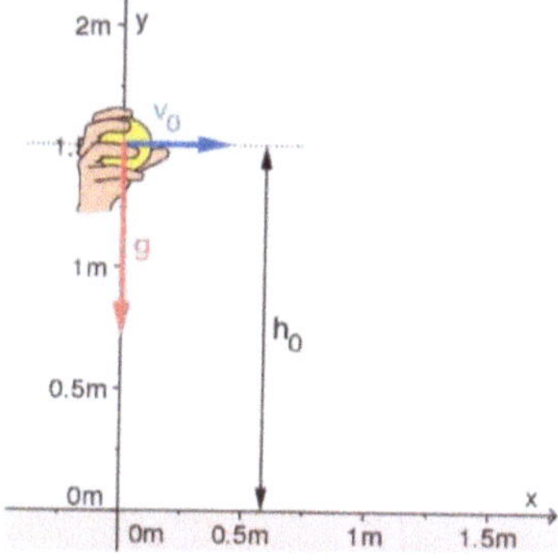

Bild 2.6 *Koordinatensystem für Aufgaben beim waagrechten Wurf*

Unter einem **waagrechten Wurf** (engl. *horizontal projectile motion*) versteht man die Bewegung eines Körpers, der mit einer bestimmten waagrechten Anfangsgeschwindigkeit geworfen wird und anschließend zu Boden fällt. Beim waagrechten Wurf handelt es sich um eine zweidimensionale Bewegung. Für die Beschreibung der Bewegung benötigen wir daher zwei Koordinatenachsen.

Der Ort 0 (Höhe Null) bezeichnet den Erdboden. Unsere Bewegung beginnt daher am Ort h_0 (Anfangshöhe). Die Anfangsgeschwindigkeit v_0 ist waagrecht, besitzt also keine y-Komponente.

Bei dieser Bewegung handelt es sich um eine Überlagerung von zwei Bewegungen: einer gleichförmigen Bewegung (durch die vertikale Anfangsgeschwindigkeit v_0) in x-Richtung und einer gleichmäßig beschleunigten Bewegung (durch die Fallbeschleunigung) in y-Richtung. Da wir eine zweidimensionale Bewegung haben, gibt es doppelt so viele Gleichungen, nämlich die Gleichungen für die x-Richtung

$$s_x = v_0 \cdot t$$

$$v_x = v_0$$

$$a_x = 0$$

und die Gleichungen für die y-Richtung

$$s_y = h_0 - \frac{g}{2} \cdot t^2$$

$$v_y = - g \cdot t$$

$$a_y = - g$$

Beispiel

Eine Ballwurfmaschine wird so eingestellt, dass die Bälle waagrecht mit einer Anfangsgeschwindigkeit von $v_0 = 20$ m/s abgeschossen werden. Der Abschusspunkt befindet sich $h_0 = 1{,}5$ m über dem Boden. Wir wollen berechnen, wie weit vom Abschusspunkt entfernt der Ball am Boden aufkommt, d.h. die Wurfweite. Für die weitere Rechnung ist folgende Überlegung wichtig: Unabhängig von der waagrechten Geschwindigkeit dauert ein Wurf aus gleicher Höhe immer gleich lange. Das erkennt man an der Gleichung für y-Richtung: Hier kommt die Geschwindigkeit v_0 überhaupt nicht vor.

Im ersten Schritt berechnen wir die Wurfdauer.

$$s_y = h_0 - \frac{g}{2} t^2$$

$$0 = 1{,}5 \text{ m} - \frac{g}{2} t^2 \qquad \longrightarrow \qquad t = 0{,}55 \text{ s}$$

Um die Wurfweite zu berechnen, setzen wir die Wurfdauer in die Gleichung für die x-Komponente des Ortes ein und berechnen, wie weit sich der Ball waagrecht in dieser Zeit bewegt hat.

$$s_x = v_0 \cdot t = 20 \; \frac{\text{m}}{\text{s}} \cdot 0{,}55 \text{ s} = 11{,}06 \text{ m}.$$

Die Wurfweite beträgt 11,06 m.

Schräger Wurf

Unter einem schrägen Wurf (engl. *projectile motion*) versteht man die Bewegung eines Körpers, der mit einer beliebigen Neigung und Anfangsgeschwindigkeit geworfen wird und schließlich zu Boden fällt. Die Wissenschaft der Ballistik beschäftigt sich mit solchen Bewegungen. In den meisten realen Anwendungen kann der Luftwiderstand allerdings nicht, wie hier, vernachlässigt werden.

Wie beim waagrechten Wurf ist auch der schräge Wurf eine zweidimensionale Bewegung. Für die Beschreibung der Bewegung benötigen wir daher wieder zwei Koordinatenachsen.

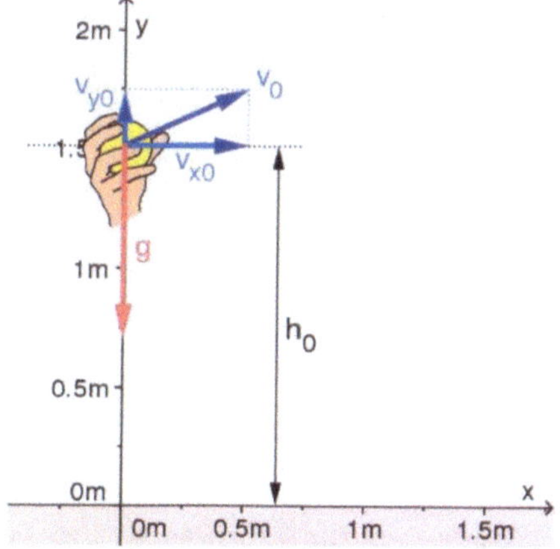

Bild 2.7: *Koordinatensystem für Aufgaben zum schrägen Wurf*

Der Ort 0 (Höhe Null) bezeichnet den Erdboden. Unsere Bewegung beginnt daher am Ort h_0 (Anfangshöhe). Die Anfangsgeschwindigkeit v_0 besitzt eine x- und eine y-Komponente ($v_{x,0}$ und $v_{y,0}$).

Bei dieser Bewegung handelt es sich um eine Überlagerung von zwei Bewegungen: einer gleichförmigen Bewegung (durch die Anfangsgeschwindigkeit v_0) in x-Richtung und einer gleichmäßig beschleunigten Bewegung (durch die Fallbeschleunigung) in y-Richtung. Da die Anfangsgeschwindigkeit sowohl eine x- als auch eine y-Komponente besitzt, muss die Anfangsgeschwindigkeit in den Gleichungen beider Richtungen vorkommen.

$$s_x = v_{x,0} \cdot t$$

$$v_x = v_{x,0}$$

$$a_x = 0$$

und

$$s_y = h_0 + v_{y,0} \cdot t - \frac{g}{2} \cdot t^2$$

$$v_y = v_{y,0} - g \cdot t$$

$$a_y = -g$$

In den Gleichungen sind alle Bewegungen der letzten Kapitel als Spezialfälle enthalten, der freie Fall (wenn $v_0 = 0$), der senkrechter Wurf ($v_0 = v_{y,0}$) und der waagrechte Wurf ($v_0 = v_{x,0}$). Zeichnet man die Bahn des Körpers in einem x-y-Diagramm so erhält man eine Parabel. Ist der Abschusswinkel gegeben, so kann man die Geschwindigkeitskomponenten mit den Winkelfunktionen beschreiben:

$$v_{x,0} = |\mathbf{v_0}| \cdot \cos \alpha \qquad \text{und}$$

$$v_{y,0} = |\mathbf{v_0}| \cdot \sin \alpha$$

Beispielrechnung

Ein Ball wird in einer Höhe von $h_0 = 1{,}77$ m mit $v_0 = 9{,}26$ m/s und einem Abschusswinkel von $61{,}9°$ abgeworfen.

Wir berechnen die Wurfdauer und die Wurfweite. Um die Wurfdauer t_w zu berechnen setzen wir $s_y = 0$ und lösen die quadratische Gleichung.

$$0 = h_0 + v_{y,0} \cdot t_w - \frac{g}{2} \cdot t_w^2$$

$$0 = 1{,}77\ \mathrm{m} + 9{,}26\ \frac{\mathrm{m}}{\mathrm{s}}\ \cdot\sin 61{,}9°\cdot\ t_w - \frac{9{,}81}{2}\frac{\mathrm{m}}{\mathrm{s}^2}\cdot t_w{}^2$$

Die positive Lösung der Gleichung ist unsere gesuchte Wurfzeit $t_w = 1{,}86$ s.

Im zweiten Schritt berechnen wir die Wurfweite, indem wir t_w in die Gleichung für s_x einsetzen.

$$s_x = v_{x,0}\cdot t_w = 9{,}26\,\mathrm{m/s} \cdot \cos 61{,}9°\cdot 1{,}86\ \mathrm{s} = 8{,}11\ \mathrm{m}$$

Für die Wurfweite erhalten wir $s_x = 8{,}11$ m.

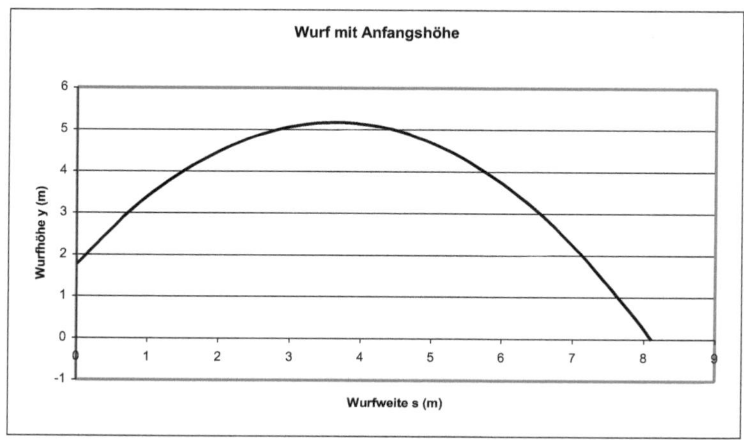

Bild 2.8 *Wurfparabel zur Beispielrechnung*

Beispiel 2

Welche Anfangsgeschwindigkeit braucht ein Wasserstrahl, wenn er einen Winkel von 70° zur Waagrechten haben und eine maximale Höhe von 3 m erreichen soll?

Siehe dazu Bild 2.9.

Wir setzen $h_0 = 0$ und berechnen wie im vorigen Beispiel die Wurfzeit.

Bild 2.9 *Wasserspiele in Wien*

Für die Wurfzeit t_w ergibt sich aus $y(t_w)=0$:

$$0 = v_{y,0} \cdot t_w - \frac{g}{2}\, t_w^2$$

$$0 = v_0 \cdot \sin \alpha \cdot t_w - \frac{g}{2}\, t_w^2$$

$$t_w = \frac{2 v_0 \cdot \sin \alpha}{g}$$

Die Steigzeit t_s ist die Hälfte der Wurfzeit, also

$$t_s = \frac{v_0 \cdot \sin \alpha}{g}$$

Mit $s_y(t_s) = h_{max}$ ergibt sich die maximale Wurfhöhe h_{max}.

$$h_{max} = s_y(t_s) = \frac{1}{2}\, \frac{v_0^2 \cdot \sin^2 \alpha}{g}$$

Diese Gleichung stellen wir nach v_0 um.

$$v_0 = \frac{\sqrt{h_{max} 2 \cdot g}}{\sin \alpha} = \frac{\sqrt{3\,\text{m} \cdot 2 \cdot 9{,}81\,\frac{\text{m}}{\text{s}^2}}}{\sin 70^0} = 8{,}16\,\frac{\text{m}}{\text{s}}$$

Der Wasserstrahl braucht eine Anfangsgeschwindigkeit von 8,16 m/s.

28

2. 4 Gleichförmige Kreisbewegung

Ein Körper befindet sich in einer **gleichförmigen Kreisbewegung**, wenn er sich auf einer Kreisbahn mit konstantem Radius bewegt und auf seiner Bahn in gleich langen Zeitspannen gleich lange Strecken zurücklegt. Da sich aber die Bewegungsrichtung des Körpers ständig ändert, ist die gleichförmige Kreisbewegung eine beschleunigte Bewegung. Die dabei auftretende Beschleunigung wird **Zentripetalbeschleunigung** oder **Radialbeschleunigung** genannt. Das Wort „Zentripetal" setzt sich aus den lateinischen Wörtern *centrum* ("Zentrum") und *petere* („nach etwas streben") zusammen.

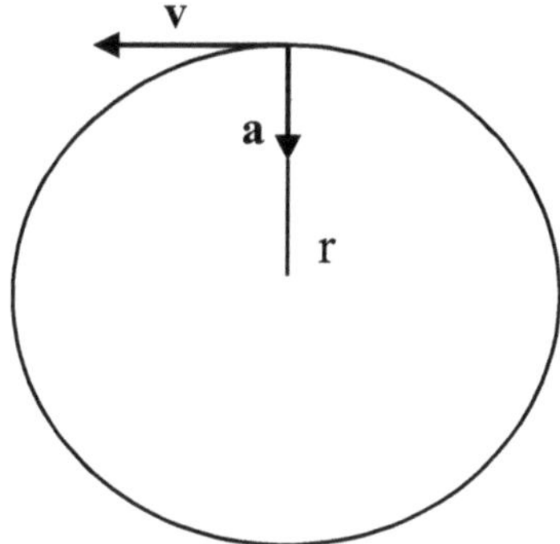

Bild 2.10 *Kreisbewegung*

Bahngeschwindigkeit

Kennt man die Umlaufzeit T (Peiodendauer) und den Radius r der Umlaufbahn, so kann man mit der folgenden Formel den Betrag der Bahngeschwindigkeit berechnen.

$$v = \frac{2 \cdot \pi \cdot r}{T}$$

Die Kreisbewegung wird ausführlich im Kapitel 6 Dynamik das Starren Körpers behandelt.

2.5 Übungsaufgaben zur Kinematik

Gleichförmige Bewegung

1.

Zwei Fahrzeuge starten gleichzeitig auf derselben Strecke. Das erste fährt die gesamte Strecke mit der konstanten Geschwindigkeit von 60 km/h und erreicht das Ziel nach 20 Minuten. Das zweite Fahrzeug fährt die erste Hälfte des Weges mit einer Geschwindigkeit von 40 km/h und die zweite mit 80 km/h.
a) Welches Fahrzeug erreicht als erstes das Ziel?
b) Mit welcher Zeitdifferenz erreichen die beiden Fahrzeuge das Ziel?
c) Wie groß ist die Durchschnittsgeschwindigkeit des zweiten Fahrzeuges?

2.

Ein 14 m langer LKW fährt mit v_1 = 60 km/h und wird von einem 4 m langen PKW mit v_2 = 70 km/h überholt.
Wie lange dauert der Überholvorgang und wie groß ist die Überholstrecke, wenn der Fahrzeugabstand vor und nach dem Überholen 20 m beträgt?

3.

Wie lange benötigt das Licht von der Sonne bis zur Erde?

4.

Die Schallgeschwindigkeit beträgt 331,4 m/s bei 0°C und Normaldruck. Welchen Weg legt eine Schallwelle in einer Minute zurück?

5.

Wie kommt die Regel zustande, die Entfernung eines Gewitters abzuschätzen, indem man die Sekunden zwischen Blitz und Donner zählt, das Ergebnis durch 3 dividiert und dann das Ergebnis als km angibt?

Gleichmäßig beschleunigte Bewegung

6.

Ein PKW soll beim Anfahren in den ersten 5 Sekunden 50 Meter zurücklegen.
a) Wie groß muss seine Beschleunigung sein?
b) Welche Geschwindigkeit hat er nach diesen 5 Sekunden erreicht?

7.

Ein Eisenbahnzug benötigt für einen Bremsvorgang eine Strecke von 370 m. Dabei verringert sich seine Geschwindigkeit von anfangs 92 km/h auf 27,8 km/h. Wie lange dauert der Bremsvorgang und wie groß ist die Verzögerung?

8.

Ein PKW wird in 15 s von 90 km/h auf 126 km/h beschleunigt.
a) Wie groß ist die Beschleunigung?
b) Welcher Gesamtweg wird während der Beschleunigung zurückgelegt?
c) Wie ändern sich Beschleunigung und Gesamtweg, wenn die Geschwindigkeitsänderung in 10 s erreicht wird?

9.

Ein Autofahrer muss wegen einer plötzlichen Gefahr sein Auto abbremsen. Er ist mit einer Geschwindigkeit von v = 25 m/s unterwegs. Bis zur Bremsung vergeht eine Reaktionszeit von 1 s. Nach weiteren 5 s kommt das Auto zum Stehen.
a) Berechnen Sie die Bremsverzögerung und den Bremsweg.
b) Wie groß wäre die Strecke $s_1 + s_2$ bei gleicher Verzögerung, jedoch doppelter Fahrgeschwindigkeit?

10.

Ein Kraftfahrer fährt mit einer Geschwindigkeit von 45 km/h. Er erkennt ein Hindernis und muss eine Bremsung durchführen. Erst nach einer Reaktionszeit von 0,8 s beginnt er zu bremsen. Die Bremsverzögerung beträgt - 4 m/s².
a) Wie viel Meter fährt das Auto vom Erkennen des Hindernisses bis zum Stillstand?
b) Wie lang wird dieser Weg, wenn sich die Reaktionszeit des Kraftfahrers verdoppelt?

Freier Fall

11.

Ein Körper fällt aus einer Höhe von 130 m frei nach unten.
a) Welche Strecke hat er nach 2 s durchlaufen, welche nach 4 s?
b) Nach welcher Zeit und mit welcher Geschwindigkeit trifft er auf den Erdboden?

12.

Von einem Turm lässt man einen Stein fallen. Nach 4 s sieht man ihn auf dem Erdboden aufschlagen.

a) Wie hoch ist der Turm?

b) Mit welcher Geschwindigkeit trifft der Stein auf dem Erdboden auf?

c) Nach welcher Zeit hat der Stein die Hälfte seines Fallweges zurückgelegt.

d) Nach welcher Zeit nach dem Loslassen des Steins hört man ihn auf dem Erdboden aufschlagen?

(Die Schallgeschwindigkeit beträgt 340 m/s.)

13.

Um die Tiefe eines Schachtes zu bestimmen, lässt man einen Stein fallen. 4,6 s nach dem Loslassen des Steins hört man seinen Aufschlag.

a) Wie tief ist der Schacht bei Vernachlässigung der Laufzeit des Schalls?

b) Wie groß ist die Schachttiefe bei Berücksichtigung der Schallgeschwindigkeit von $c = 340$ m/s.

Wurf

14.

Von einem Turm mit der Höhe h wird ein Stein horizontal mit der Geschwindigkeit $v_0 = 25$ m/s geworfen. Er erreicht in der Horizontalen eine Wurfweite von 50 m.

a) Berechnen Sie die Höhe des Turms und die Flugzeit des Steins.

b) Mit welcher Geschwindigkeit und unter welchem Winkel zur Horizontalen trifft der Stein auf dem Erdboden auf?

15.

Ein Ball wird von einer Höhe von $h_0 = 2$ m mit einem Abschusswinkel von 30° und mit $v_0 = 5$ m/s geworfen. Berechnen Sie die Wurfdauer und die Wurfweite.

Kreisbewegung

16.

Mit welcher mittleren Geschwindigkeit bewegt sich der Mond um die Erde? Wir gehen von einer Umlaufzeit von 27,32 Tagen aus.

3 Masse und Kraft

3.1 Masse und Dichte

Die Masse m eines Körpers kann durch Wiegen bestimmt werden, oder sie wird aus Volumen und Dichte berechnet.

Die Berechnung aus dem Volumen V und der Dichte ρ geschieht mit der Formel:

$$m = \rho \cdot V,$$

wobei man die Dichte meist aus Tabellen entnimmt.

Beispiel

Welche Masse hat ein Ziegelstein mit den Maßen Länge l = 24 cm, Breite b = 12cm und Höhe h = 5 cm? Die Dichte des Steins beträgt 1,6 g/cm³.

Wir berechnen zuerst das Volumen

$$V = l \cdot b \cdot h$$
$$V = 24\,cm \cdot 12\,cm \cdot 5\,cm = 1440\,cm^3$$

Damit ergibt sich die Masse zu:

$$m = \rho \cdot V = 1{,}6\,\frac{g}{cm^3} \cdot 1440\,cm^3 = 2304\,g = 2{,}304\,kg$$

Der Ziegelstein hat eine Masse von 2,304 kg.

Tabelle Beispiele für Massen

	Masse in kg
Elektron	$9{,}1093819 \cdot 10^{-31}$
Proton	$1{,}6726231 \cdot 10^{-27}$
Mensch	ca. 80
PKW	ca. 1000
Mond	$7{,}35 \cdot 10^{22}$
Erde	$5{,}98 \cdot 10^{24}$
Sonne	$1{,}99 \cdot 10^{30}$

3.2 Kraft

Wenn man bei einer Kurvenfahrt auf die Seite gedrückt wird oder man eine Gebäudesprengung beobachtet, würde man sagen, dass man „Kräfte" gespürt bzw. beobachtet hat. Wahrnehmen kann man allerdings immer nur ihre *Wirkung* (engl. *action*). Der physikalische Begriff „Kraft" (engl. *force*) ist eine reine Modellvorstellung der Physik, um Wirkungen zu beschreiben.

In der Mechanik kann man zwei Wirkungen unterscheiden: Die Bewegungsänderung und die Formänderung. Beide Wirkungen können natürlich auch gleichzeitig auftreten. Kräfte werden meistens danach benannt, bei welchen Phänomenen sie auftreten.

Bei der Kraftübertragung von einem Körper auf einen anderen kann man zwei unterschiedliche Arten der Wechselwirkung unterscheiden. Wenn sich zwei Körper bei der Kraftübertragung physisch berühren, spricht man von einer **Nahwirkungskraft**. Beispiele dafür sind die Reibung oder die Federkraft. Es gibt aber auch Kraftübertragung zwischen Körpern, die sich nicht physisch berühren. Solche Wechselwirkungen bezeichnet man auch als **Fernwirkungskräfte**, wie z.B. die Wechselwirkung zwischen zwei Magneten oder die Anziehung zwischen Sonne und Erde.

Heute lassen sich alle bekannten Kräfte auf **4 Grundkräfte** zurückführen. Diese Grundkräfte sind:

- **Gravitation**: Beschreibt die Anziehung von Massen

- **Elektromagnetische Wechselwirkung**: Beschreibt die Anziehung und Abstoßung von Ladungen

- **Schwache Wechselwirkung**: Beschreibt Effekte beim radioaktiven Zerfall von Atomkernen

- **Starke Wechselwirkung**: Beschreibt den Zusammenhalt von Atomkernen

Alle Grundkräfte sind Fernwirkungskräfte.

Messung von Kräften

Da wir keine Kräfte, nur deren Wirkungen, beobachten können, verwendet jede Kraftmessung die Wirkungen einer Kraft. Der **Federkraftmesser** (engl. *spring scale*) ist eines der ältesten Messinstrumente für Kräfte. Er verwendet die Wirkung der Formänderung einer Schraubenfeder für die Messung einer Kraft. Je größer die Kraft, desto größer die Dehnung der Feder.

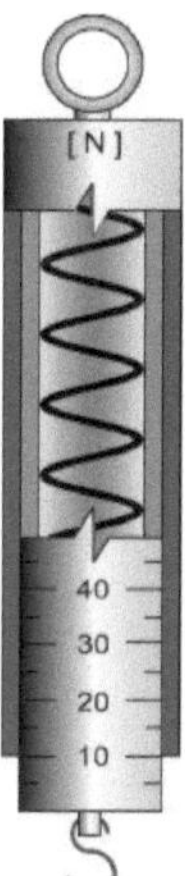

Bild 3.1 *Federkraftmesser*

Beschreibung der Kraft

Das Formelzeichen der Kraft ist ein großes F (*force*). Die Wirkung einer Kraft ist abhängig von den folgenden drei Eigenschaften:

- Größe
- Richtung
- Angriffspunkt

Durch diese Eigenschaften ist eine Kraft eindeutig festgelegt.

Je nachdem ob man ein ein-, zwei- oder dreidimensionales Koordinatensystem für die Beschreibung einer Situation verwendet, wird die Kraft als ganze Zahl, zwei- oder dreidimensionaler Vektor dargestellt. Grafisch wird eine Kraft als Vektorpfeil dargestellt.

In einigen Fällen wirken mehrere Kräfte auf einen Körper, wie zum Beispiel beim Tauziehen (Bild 3.8) Aber egal wie viele Kräfte wirken – das Seil zeigt immer nur eine Wirkung. Es bewegt sich jeweils nur nach links oder rechts. Die Wirkung könnte genauso gut nur von einer einzigen Kraft stammen. Diese Kraft nennt man **Gesamtkraft**.

Die Gesamtkraft wird durch Addition der Vektoren der einzelnen Kräfte gebildet. Ergibt die Summe aller Kräfte auf einen Körper Null, dann ist die Gesamtkraft Null und es kommt zu keiner Wirkung. In diesem Fall spricht man von einem **Kräftegleichgewicht.**

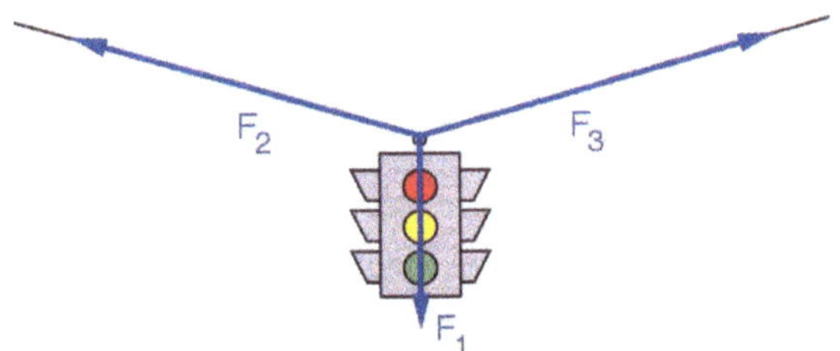

Bild 3.2 *Kräftegleichgewicht bei einer hängenden Ampel*

3.3 Newtonsche Gesetze und Gewichtskraft

Isaak Newton (1642–1726) veröffentlichte 1674 sein Buch „Philosophiae Naturalis Principia Mathematica". Er leitete darin das Gesetz der Schwerkraft ab und formulierte die drei Gesetze der Bewegung, die die Grundlage der klassischen Mechanik sind. Das **Gravitationsgesetz,** das Robert Hook (1635–1703) schon 1674 in Briefen an Newton erwähnte, lautet:

$$F_G = G \frac{m_1 \cdot m_2}{r^2}$$

Darin bedeuten F_G die Gewichtskraft, m_1 und m_2 sind die Massen von zwei Körpern und r der Abstand dieser beiden Körper. G ist eine Konstante, die Gravitationskonstante. Sie hat den Wert: $G = 6{,}67259 \cdot 10^{-11} \, \mathrm{m^3/(kg\ s^2)}$.

Das **Trägheitsgesetz**, das 1. Newtonsche Gesetz, besagt:

36

Ein Körper, auf den keine Kraft wirkt, bleibt in Ruhe, wenn er sich vorher in Ruhe befand oder er verbleibt in geradlinig gleichförmiger Bewegung, wenn er sich vorher bewegte.

Während das Trägheitsgesetz eine Aussage darüber macht, was geschieht, wenn keine Kraft wirkt, beschreibt das **Dynamische Grundgesetz**, das 2. Newtonsche Gesetz, was passiert, wenn eine Kraft wirkt. Erfährt ein Körper eine Beschleunigung, muss immer eine Kraft wirken.

Die Kraft ist das Produkt aus Masse m und Beschleunigung a.

$$F = m \cdot a \qquad\qquad \text{a kommt von „acceleration".}$$

Kraft und Gewichtskraft

Jedem Körper kann entsprechend seiner Masse m eine Gewichtskraft F zugeordnet werden. Dabei ist, solange wir uns auf der Erde befinden, die Erdbeschleunigung wirksam. Sie ist zum Erdmittelpunkt hin gerichtet und hat in Mitteleuropa den Betrag 9,81 m/s².

Für die Kraft und Gewichtskraft ergibt sich damit die Maßeinheit:

$$[F] = [m] \cdot [a] = kg \cdot m/s^2$$

Die Einheit der Kraft ist kg·m/s². Diese Maßeinheit wird mit **N (Newton)** abgekürzt. Eine Kraft von 1 N beschleunigt eine Masse von 1 kg mit 1 m/s². Wie kann man sich die Größe einer Kraft von 1 N vorstellen?

Bild 3.3 *100 g entsprechen einer Gewichtskraft von 1 N*

Einer Masse von ca. 100 g entspricht etwa 1 N, d.h. eine Tafel Schokolade drückt mit einer Kraft von 1 N auf den Tisch, auf dem sie liegt. Während das Gewicht eines Körpers Null sein kann (wenn zum Beispiel keine Schwerkraft auf ihn wirkt), kann die Masse eines Körpers niemals Null sein.

Wenn Masse und Gewicht unterschiedliche Größen sind, warum werden dann beide Begriffe in der Alltagssprache synonym verwendet? Vermutlich liegt es daran, dass in früheren Zeiten Handelswaren mit einer Balkenwaage abgewogen wurden.

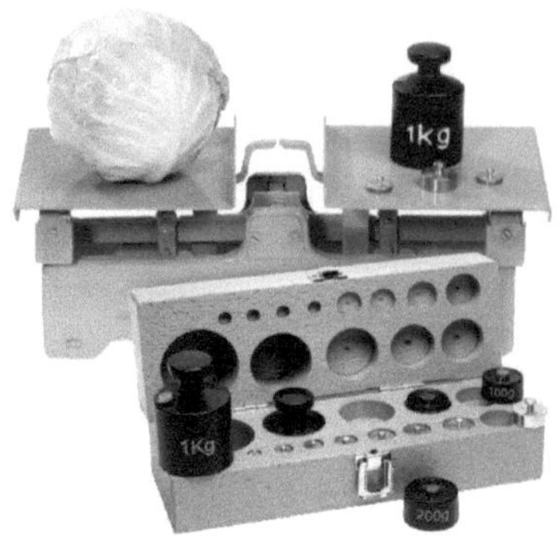

Bild 3.4 *Balkenwaage*

Das Abwiegen mit einer Balkenwaage entspricht einem Massenvergleich am selben Ort. Am selben Ort haben gleiche Massen auch die gleiche Gewichtskraft.

Moderne Waagen, zum Beispiel eine Personenwaage, vergleichen keine Massen, sondern messen die Gewichtskraft. Sie rechnen die Gewichtskraft in Masse um und zeigen das Ergebnis in Kilogramm an.

Das **3. Newtonsche Gesetz** trifft eine Aussage über die Wechselwirkung von zwei Körpern:

Wechselwirken zwei Körper, treten Kräfte immer paarweise auf. Sie liegen auf derselben Wirklinie, sind gleich groß und entgegengesetzt gerichtet. Man sagt auch: **actio = reactio**

3.4 Das Hookesche Gesetz

Das Verhalten von elastischen Körpern (wie Schraubenfedern, Gummiringe, etc.) wird durch das **Hookesches Gesetz** beschrieben.

$$F_x = -k \cdot x$$

Die Auslenkung aus dem entspannten Zustand wird als **Elongation** x bezeichnet. Wird der Körper gedehnt, ist die Elongation positiv, wird der Körper gestaucht, ist die Elongation negativ. Das Hookesche Gesetz beschreibt aber die Rückstellkraft der Feder. Diese ist entgegengesetzt einer äußeren, die Feder dehnenden Kraft. Um die Richtung der Federkraft auszudrücken, enthält die Gleichung das Minus. Der Proportionalitätsfaktor k heißt **Federkonstante** und gibt die Steifigkeit der Feder an. Sie muss für jeden elastischen Körper experimentell bestimmt werden. Sie hängt von Material, Länge und Form des elastischen Körpers ab.

$$[k] = [\mathbf{F_x}]/[\mathbf{x}] = N/m$$

Die Einheit der Federkonstante ist also "Newton pro Meter". Die Federkonstante gibt an, welche Kraft notwendig ist, um die entsprechende Schraubenfeder um 1 m zu dehnen (oder zu stauchen). In der Praxis wird die Federkonstante von Schraubenfedern oft in der Einheit N/cm angegeben. Manchmal findet man anstelle von „k" auch „D" für die Federkonstante. Auch ohne Minuszeichen findet man in manchen Darstellungen das Hookesche Gesetz. Es beschreibt dann die äußere, die Feder dehnende, Kraft.

Elastische Körper können durch Kräfte verformt werden. Hört die Kraft auf zu wirken, nimmt der Körper seine ursprüngliche Form wieder ein. Diese Art der Verformung nennt man reversibel. Jeder elastische Körper ist aber nur bis zu einer gewissen Grenze elastisch. Ist die Kraft zu groß, findet auch bei einem elastischen Körper eine dauerhafte Verformung statt, oder er wird sogar zerstört.

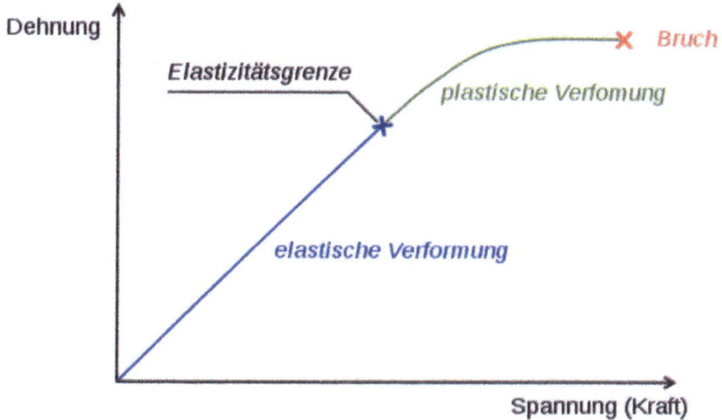

Bild 3.5 *Spannungs-Dehnungs-Diagramm*

Diese Grenze wird Elastizitätsgrenze genannt. Für alle Kräfte unterhalb dieser Grenze befindet sich der Körper im Elastizitätsbereich. Nur in diesem Bereich ist das Hookesche Gesetz gültig. Neben elastischen Körpern, gibt es auch plastische. Sie werden durch jede Krafteinwirkung dauerhaft verformt. Ihre Verformung ist immer irreversibel.

Das Hookesche Gesetz ist die Grundlage für einen **Federkraftmesser**. Weil die Federkraft zur Dehnung proportional ist, ist die Skala auf einer Federwaage immer linear.

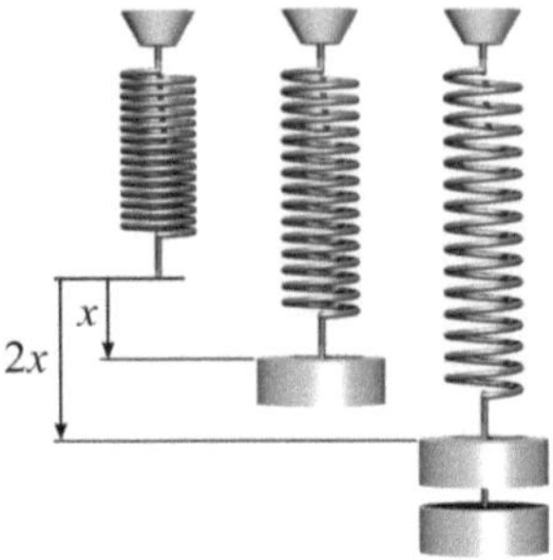

Bild 3.6 *Federkraftmesser*

Beispiel Hooksches Gesetz (Bungee Jump)

Bild 3.7 *Bungeespringerin*

Eine Bungeespringerin hängt an einem Seil, das im entspannten Zustand eine Länge von 25 m und eine Federkonstante von 220 N/m hat.

Wie lang wird das Seil, wenn die Springerin eine Masse von 80 kg hat und sich an das Seil hängt?

$$x = \frac{F_x}{k} = \frac{m \cdot g}{k} = \frac{80\,\text{kg} \cdot 9{,}81\,\text{m/s}^2}{220\,\text{N/m}} = 3{,}57\,\text{m}$$

Das Seil dehnt sich um 3,6 m, d.h. es hat nun eine Länge von 28,6 m.

3.5 Statik

Kräftegleichgewicht

Ein Kräftegleichgewicht zwischen Kräften, die am gleichen Punkt angreifen, tritt ein, wenn die vektorielle Summe der Kräfte Null ist. Aufgrund des Trägheitssatzes ist eine Anordnung, bei der an allen Punkten Kräftegleichgewicht herrscht, in Ruhe oder sie bewegt sich gleichförmig.

Wir betrachten dazu das Tauziehen näher. Wie nehmen zwei Personen an, die jeder mit 300 N an einem Seilende ziehen. Die Tauzieher bleiben am Ort. Es tritt keine Bewegung ein. Es herrscht Kräftegleichgewicht. Mit welcher Kraft wird das Seil belastet, mit 300 N oder mit 600 N?

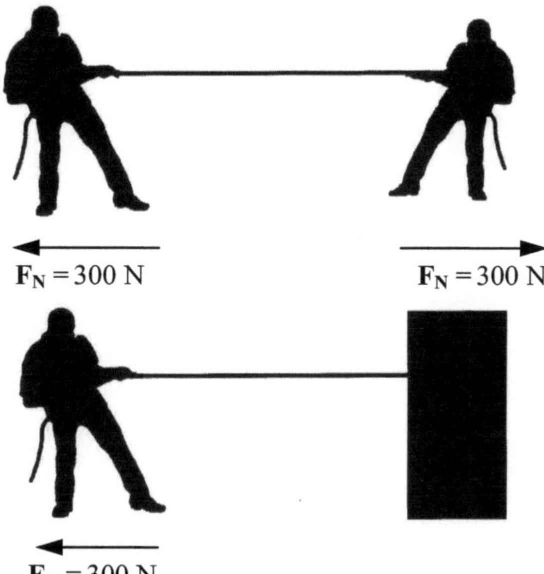

Bild 3.8 *Tauziehen*

Was ist der Unterschied zwischen der ersten Situation, in der zwei Männer ziehen und der zweiten Situation, in der nur einer zieht und das Seil an einer Mauer befestigt ist? Untersucht man beide Fälle, z. B. indem man die auftretenden Seilkräfte mit einem Federkraftmesser misst, so stellt man fest, dass in beiden Fällen in dem Seil 300 N wirken. Die Mauer bringt die erforderliche Gegenkraft auf. Auch hier herrscht Kräftegleichgewicht.

Zusammensetzen und Zerlegen von Kräften

Das Zusammensetzen und Zerlegen kann rechnerisch oder zeichnerisch erfolgen. Zeichnerisch wählt man einen geeigneten Kräftemaßstab für die Kräfte und setzt sie aneinander. Rechnerisch macht man es mit Hilfe der Trigonomischen Formeln.

1. Die Kräfte liegen auf einer Wirkungslinie.

Es brauchen nur die absoluten Beträge der Kräfte addiert zu werden. Die Wirkungslinie der Resultierenden ist die gleiche wie die Wirkungslinie der einzelnen Kräfte. In einer Richtung gerichtete Kräfte werden addiert, entgegengesetzt gerichtete subtrahiert.

Beispiel

$$F_1 = 2{,}6\,\text{kN} \qquad F_2 = 4{,}65\,\text{kN} \qquad F_3 = 2{,}65\,\text{kN} \qquad F_4 = 4{,}65\,\text{kN}$$

Bild 3.9 *Kräfte auf einer Wirkungslinie*

$$
\begin{aligned}
F_R &= F_1 + F_2 + F_3 - F_4 \\
&= 2{,}6\ \text{kN} + 4{,}65\ \text{kN} + 2{,}65\ \text{kN} - 4{,}65\ \text{kN} = 5{,}25\ \text{kN}
\end{aligned}
$$

2. Die Kräfte wirken senkrecht zueinander.

Der Betrag der resultierenden Kraft kann mit dem Satz des Pythagoras ermittelt werden.

Beispiel 1 $F_1 = 4\ \text{kN};\ \ F_2 = 6{,}2\ \text{kN}$

$$F_R = \sqrt{F_1^2 + F_2^2} = \sqrt{(4\ \text{kN})^2 + (6{,}2\ \text{kN})^2} = 7{,}38\ \text{kN}$$

Der Betrag der resultierenden Kraft beträgt 7,38 kN.

Beachte: Es gibt zwei verschiedene **Symbole für den rechten Winkel:**

Beispiel 2 Zerlegen einer Kraft

Die Kraft von 72 kN soll in zwei gleiche, rechtwinklig zueinander stehende
Komponenten zerlegt werden.

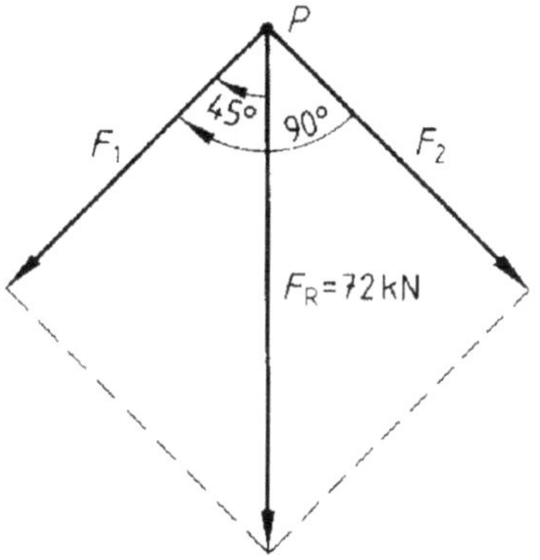

Bild 3.10 *Zerlegen einer Kraft in zwei*
gleiche, rechtwinklig zueinander
stehende Komponenten

$$F_R = \sqrt{F_1^2 + F_2^2} = \sqrt{2F_1^2} = 72\,kN$$

$$\sqrt{2} \cdot F_1 = 72\,kN$$

$$F_1 = 50,91\,kN = F_2$$

Die beiden Kräfte haben einen Betrag von je 50,9 kN.

3. Die Kräfte wirken im beliebigen Winkel

Kräfte im beliebigen Winkel lassen sich mit Hilfe der Winkelfunktionen, dem
Kosinussatz oder dem Sinussatz, berechnen.

Grafisch bildet man die Gesamtkraft, indem man alle Kraftpfeile – Angriffspunkt an Spitze – aneinander hängt. Die Gesamtkraft ist dann der Vektor begin-
nend beim Angriffspunkt des ersten Vektors bis zur Spitze des letzten Vektors.

Beispiel 1

An einem Objekt greift die Kraft A = 40 kN im Winkel von 45° zur Waagrechten an und die Kraft B = 20 kN senkrecht nach unten. Wir ermitteln die resultierende Gesamtkraft C mit Hilfe des Kosinussatzes.

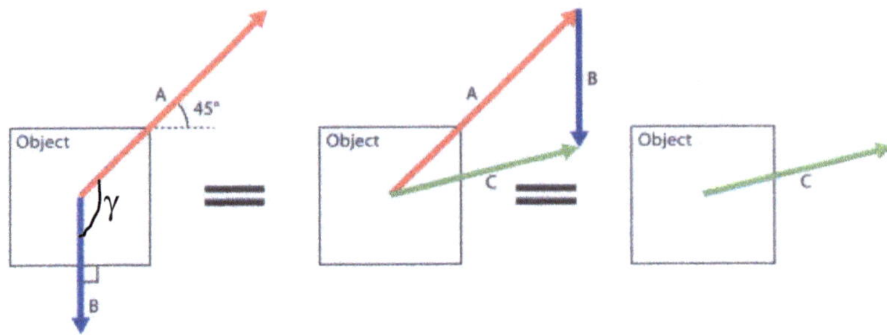

Bild 3.11 *Kräfte im beliebigen Winkel*

Der Winkel, den wir bei der Verwendung des Kosinussatzes benötigen, ist der Winkel, der der resultierenden Kraft C gegenüberliegt. Dieser Winkel beträgt ebenfalls. 45°. Damit erhalten wir für die Kraft C:

$$C = \sqrt{40^2 + 20^2 - 2 \cdot 40 \cdot 20 \cdot \cos 45°} \; kN = 29{,}5 \, kN$$

Wir können auch mit dem Winkel, den die beiden Kräfte einschließen, arbeiten, d. h mit dem Winkel von 135°. Dann ergibt sich die resultierende Gesamtkraft mit Hilfe folgender Formel zur Kräfteaddition:

$$C = \sqrt{A^2 + B^2 + 2 \cdot A \cdot B \cdot \cos \gamma}$$

$$C = \sqrt{40^2 + 20^2 + 2 \cdot 40 \cdot 20 \cdot \cos 135^0} \, kN = 29{,}5 \, kN.$$

Eine weitere Möglichkeit zu Ermittelung der Gesamtkraft ist das komponentenweise Addieren der einzelnen Kraftkomponenten F_{ix}, F_{iy} und F_{iz} in einem rechtwinkligen Koordinatensystem.
Wir berechnen das obige Beispiel jetzt komponentenweise.

Die Kraft A hat folgende Komponenten.　$F_x = A \cdot \cos 45° = 28{,}3 \, kN,$

$$F_y = A \cdot \sin 45° = 28{,}3 \, kN.$$

Die Kraft B hat folgende Komponenten.　$F_x = B \cdot \cos 270° = 0,$

$$F_y = B \cdot \sin 270° = -20 \, kN.$$

$$\begin{pmatrix} a_x \\ a_y \end{pmatrix} + \begin{pmatrix} b_x \\ b_y \end{pmatrix} = \begin{pmatrix} c_x \\ c_y \end{pmatrix}$$

$$\begin{pmatrix} 28{,}3 \\ 28{,}3 \end{pmatrix} + \begin{pmatrix} 0 \\ -20 \end{pmatrix} = \begin{pmatrix} 28{,}3 \\ 8{,}3 \end{pmatrix}$$

Der Betrag der Kraft C ergibt sich mit dem Satz des Pythagoras:

$$C = \sqrt{28{,}3^2 + 8{,}3^2}\ \text{kN} = 29{,}5\,\text{kN}\,.$$

Beispiel 2

Wie groß sind die Zugkraft im Stab S_1 und die Druckkraft im Stab S_2, wenn die Kraft F= 380 kN beträgt?

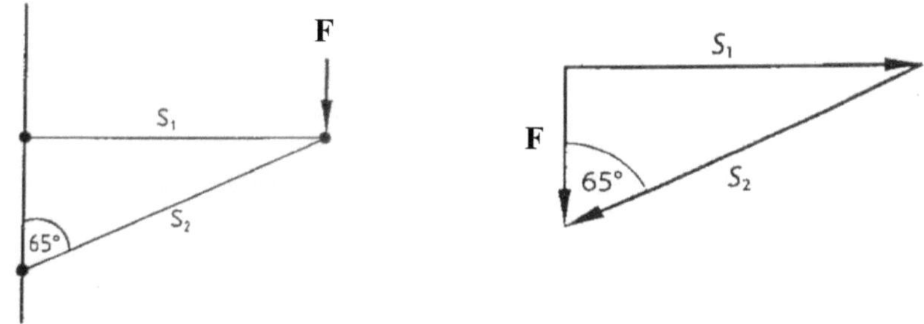

Bild 3.12 *Kraft auf zwei Stäbe (links) und umgezeichnet in ein Kräftedreieck (rechts).*

$$S_1 = 380\,\text{kN} \cdot \tan 65° = 815\,\text{kN}$$

$$S_2 = \frac{380\,\text{kN}}{\cos 65°} = 899\,\text{kN}$$

Der Stab S_1 muss einen Zug von 815 kN aufnehmen, der Stab S_2 einen Druck von 899 kN.

Beispiel 3

Wir betrachten die Kräfte an der Verkehrsampel in Bild 3.2. Die Verkehrsampel hat eine Masse von 15 kg. Die Winkel der Seile zur Horizontalen seien $\alpha=16°$. Wie groß sind die Zugkräfte in den Halteseilen?

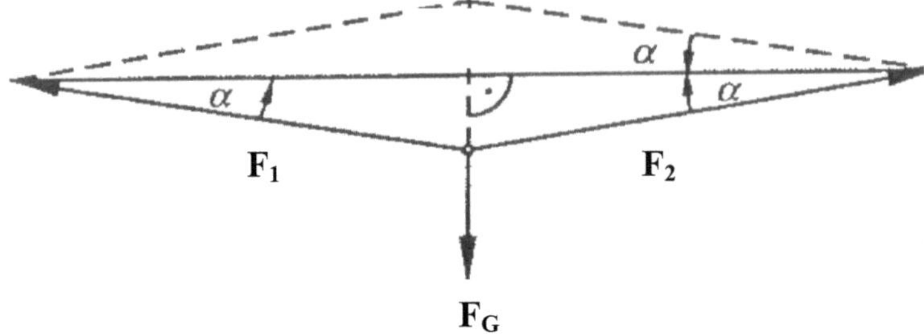

3.13 *Verkehrsampel*

$$|\mathbf{F}_1| = |\mathbf{F}_2| = F$$

$$F = \frac{F_G}{2 \cdot \sin \alpha} = \frac{m \cdot g}{2 \cdot \sin \alpha} = \frac{15 \, \text{kg} \cdot 9{,}81 \, \text{m}}{2 \cdot \sin 16 \cdot \text{s}^2} = 266{,}9 \, \text{N}$$

Der Betrag der Kraft in einem Zugseil beträt 267 N.

Beispiel 4

Wie groß ist die Kraft in den Stäben 1 und 2, wenn der Winkel $\alpha = 50°$ beträgt?

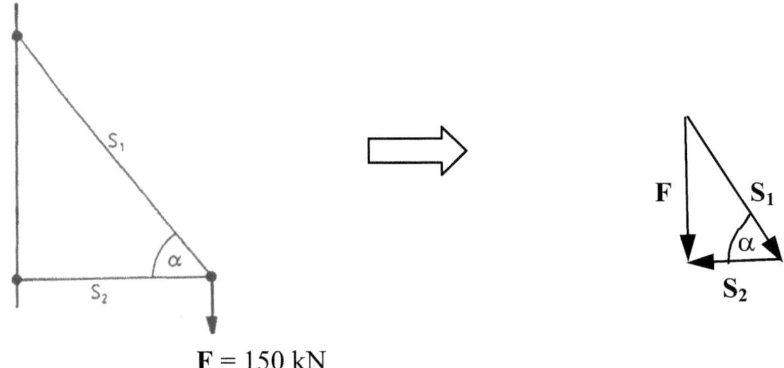

Bild 3.14 *Kraftzerlegung*

$$\tan 50^\circ = \frac{150\,\text{kN}}{S_2}$$

$$S_2 = \frac{150\,\text{kN}}{\tan 50^\circ} = 125{,}9\,\text{kN}$$

$$\sin 50^\circ = \frac{150\,\text{kN}}{S_1}$$

$$S_1 = \frac{150\,\text{kN}}{\sin 50^\circ} = 195{,}8\,\text{kN}$$

Im Stab 1 wirkt eine Kraft von 125,9 kN und im Stab 2 wirken 195,8 kN.

Beispiel 5

Drei miteinander verbundene Blöcke werden mit einer Kraft von $\mathbf{T_3}$ = 75 N nach rechts über einen waagrechten Tisch (reibungsfrei) gezogen. Es seien m_1 = 10 kg, m_2 = 24 kg und m_3 = 33 kg. Berechnen Sie die Beschleunigung a des Systems und die Zugkräfte T_1 und T_2 in den Seilen.

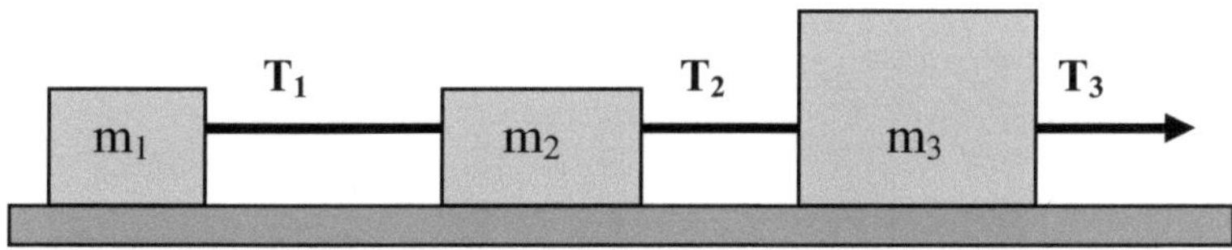

Bild 3.15 *Beispiel Seilkräfte*

$$(m_1 + m_2 + m_3) \cdot a = 75\,\text{N}$$

$$(10\,\text{kg} + 24\,\text{kg} + 33\,\text{kg}) \cdot a = 75\,\text{N}$$

$$a = \frac{75\,\text{N}}{67\,\text{kg}} = 1{,}12\,\frac{\text{m}}{\text{s}^2}$$

$$T_1 = m_1 \cdot a = 10\,\text{kg} \cdot 1{,}12\,\text{m/s}^2 = 11{,}2\,\text{N}$$

$$T_2 = (m_1 + m_2) \cdot a = 34\,\text{kg} \cdot 1{,}12\,\text{m/s}^2 = 38{,}1\,\text{N}$$

Die Beschleunigung beträgt 1,12 m/s², die Seilkraft T_1 = 11,2 N und die Seilkraft T_2 = 38,1 N.

Beispiel 6 Träger mit Last

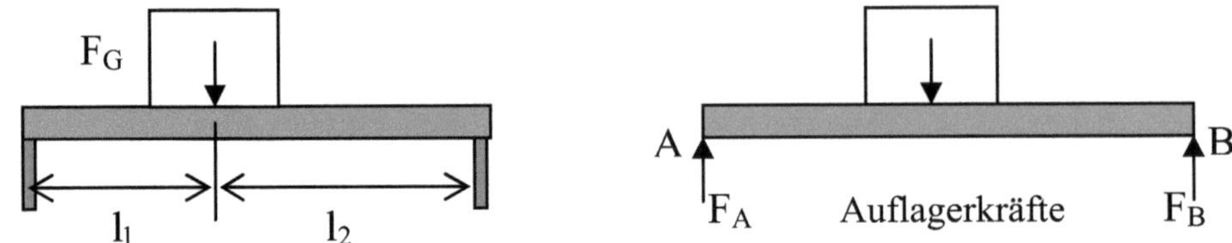

Bild 3.16 *Auflagerkräfte*

Die Berechnung der Auflagerkräfte geschieht mit Hilfe des Hebelgesetzes.

Das **Hebelgesetz** besagt, das das Produkt aus Kraft und Kraftarm gleich dem Produkt aus Last- und Lastarm ist. Es ist bereits seit der Antike bekannt.

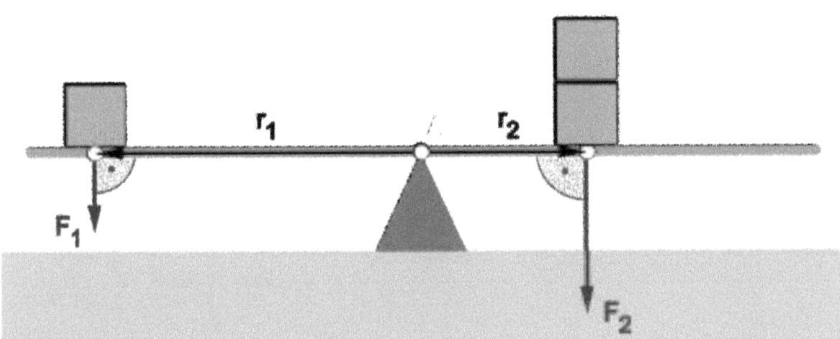

Bild 3.17 *Hebelgesetz am Beispiel der Wippe*

Im Falle des Gleichgewichts stehen Kräfte und Abstände senkrecht aufeinander und es gilt:

$$F_1 \cdot r_1 = F_2 \cdot r_2$$

Das Drehmoment behandeln wir im Kapitel 6.

48

Berechnung der Auflagerkräfte

geg.: $\quad F_G = 30$ kN $\qquad\qquad$ ges.: F_A, F_B
$\quad\quad\quad\; l_1 = 1,50$ m
$\quad\quad\quad\; l_2 = 2,50$ m

Zur Berechnung von F_B betrachten wir A als Drehpunkt eines Hebels.

$$F_G \cdot l_1 = (l_1 + l_2) \, F_B$$

$$F_B = \frac{F_G \cdot l_1}{l_1 + l_2} = \frac{30\,\text{kN} \cdot 1,5\,\text{m}}{1,5\,\text{m} + 2,5\,\text{m}} = \frac{45\,\text{kN}}{4} = 11,25\,\text{kN}$$

Nun wählen wir B als Drehpunkt eines Hebels.

$$F_A = \frac{F_G \cdot l_2}{l_1 + l_2} = \frac{30\,\text{kN} \cdot 2,5\,\text{m}}{1,5\,\text{m} + 2,5\,\text{m}} = \frac{75\,\text{kN}}{4} = 18,75\,\text{kN}$$

Probe:

$$F_G = F_A + F_B$$

$$30\,\text{kN} = 11,25\,\text{kN} + 18,75\,\text{kN}$$

Das Auflager A ist mit 18,75 kN belastet, das Auflager B mit 11,25 kN.

Aufgaben zu Kräften

1.

Es sind die Kräfte $F_1 = 40$ kN und $F_2 = 48$ kN zu addieren, die einen Winkel von $\alpha = 65°$ einschließen.

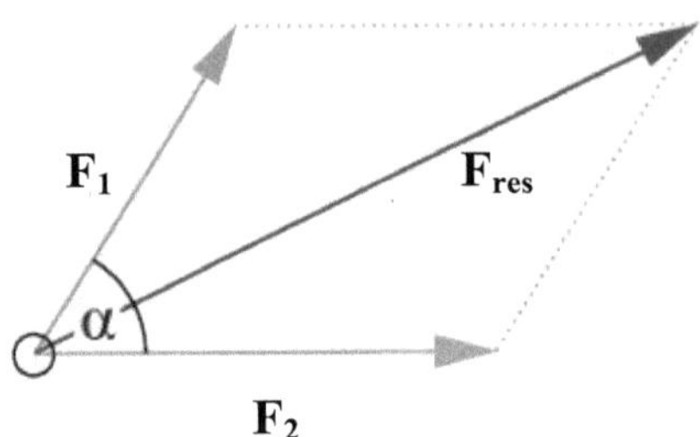

2.

Addieren Sie zwei Kräfte von je 53 N, die einen Winkel von 40° einschließen.

3.

Drei Kräfte haben einen gemeinsamen Angriffspunkt:

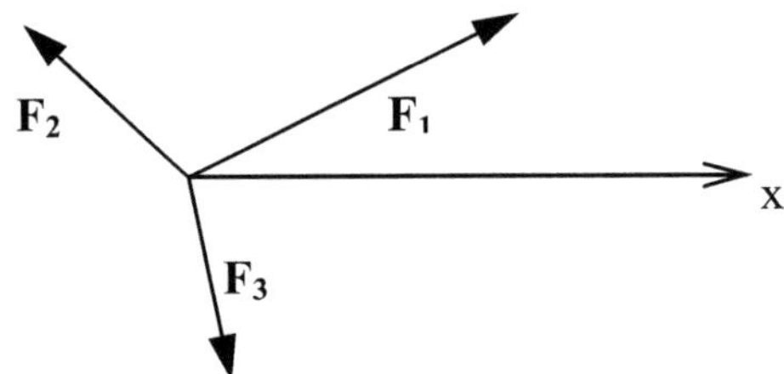

Sie haben folgende Beträge und schließen mit der positiven x-Achse folgende Winkel α ein:

$F_1 = 75$ kN, $\alpha_1 = 30°$; $F_2 = 55$ kN, $\alpha_2 = 115°$; $F_3 = 53$ kN, $\alpha_3 = 275°$;

Berechnen Sie die resultierende Gesamtkraft

a) mit Hilfe einer maßstäblichen Zeichnung,
b) durch schrittweises Addieren der Kräfte,
c) durch komponentenweises Addieren der Kräfte.

4.

An den Punkten A und B, die einen Abstand von 2,10 m haben, sind Seile befestigt. Das Seil 1 ist 1,70 m lang, das Seil 2 ist 85 cm lang. Am Knoten der Seile ist ein drittes Seil befestigt, an dem eine Masse von 13 kg hängt. Wie groß sind die Kräfte, die in den Seilen 1 und 2 wirken?

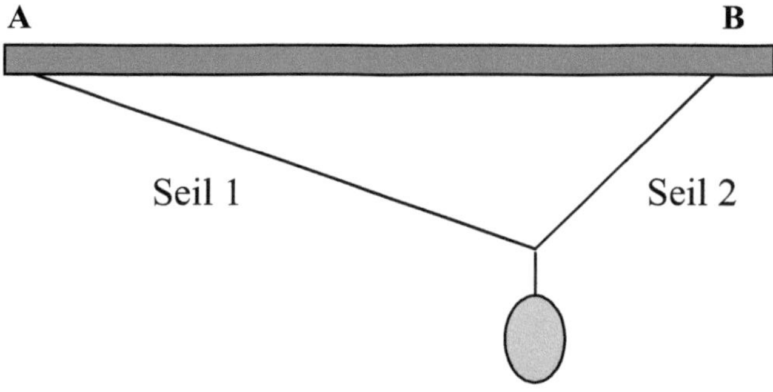

5.

Die Verkehrsampel habe eine Masse von 15 kg, die waagrechte Befestigungsstange eine Länge von 5,50 m. Der Winkel zum Befestigungsseil beträgt 11°. Welche Kraft muss die Stange und welche das Seil aufnehmen?

4. Dynamik

4.1 Reibung

Bild 4.1 *Beispiel für eine Reibungskraft*

Reibungskräfte begegnen uns ständig im Alltag. Im Bild 4.1 sehen wir einen Kindergärtner, der versucht die ganze Gruppe mit den vielen Schlitten zu ziehen. Es gelingt ihm nicht, die Schlitten zu bewegen. Er hat die Haftreibungskraft unterschätzt und holt sich nun ein Kind, das ihm helfen soll, die Schlitten in Bewegung zu bringen.

Bewegt man einen Körper über einen Untergrund, so tritt eine Kraft auf, die Reibungskraft F_R.

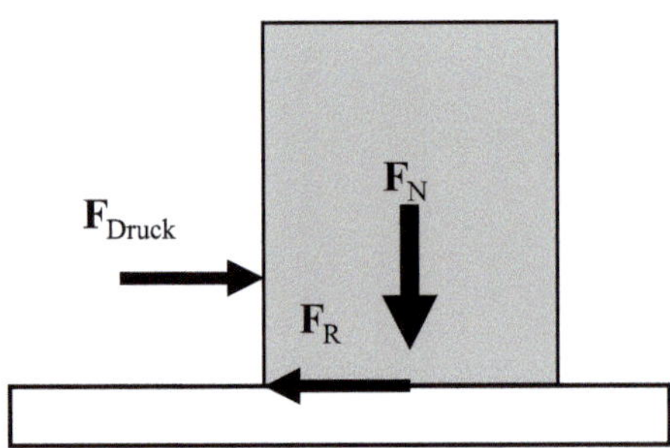

Bild 4.2 *Ausgeübte Druckkraft und Richtungen von Normalkraft F_N und Reibungskraft F_R*

Die Reibungskraft ist der Bewegungsrichtung entgegengerichtet und von den aufeinander reibenden Materialien abhängig (Bild 4.2).

Sie verläuft immer parallel zur Oberfläche, auf der sich der Körper bewegt.

Man unterscheidet drei Reibungskräfte für Festkörper, die Haftreibung, die Gleitreibung und die Rollreibung Alle drei Reibungskräfte zwischen Festkörpern, werden mit derselben Formel beschrieben:

$$\mathbf{F_R} = \mu \cdot \mathbf{F_N}$$

Dabei F_N ist die so genannte Normalkraft. Bei waagrechtem Untergrund ist diese Kraft gleich der Gewichtskraft, bei geneigtem Untergrund muss die Komponente der Gewichtskraft berücksichtigt werden, die senkrecht auf dem Untergrund steht, die Normalkraft. Die Größe der aufeinander reibenden Fläche spielt für die Größe der Reibung keine Rolle, entscheidend ist das Gewicht des gleitenden Körpers.

Je nach Reibungsart muss in der Formel ein anderer Reibungskoeffizient μ verwendet werden; für die Haftreibungskraft die entsprechende Haftreibungszahl μ_{HR}, für die Gleitreibungskraft die Gleitreibungszahl μ_{GR} und für die Rollreibungskraft die entsprechende Rollreibungszahl μ_{RR}. Diese Reibungskoeffizienten müssen für unterschiedliche Oberflächen experimentell ermittelt werden und können in Tabellen nachgeschlagen werden.

Reibungszahlen sind dimensionslose Größen.

Haftreibungskraft

Von der **Haftreibungskraft** spricht man, wenn sich ein Körper noch nicht in Bewegung befindet. Versucht man einen schweren Gegenstand über den Boden zu schieben oder zu ziehen, so benötigt man eine gewisse Kraft, um überhaupt eine Bewegung des Gegenstandes zu erreichen. Siehe dazu auch Bild 4.1. Die Zugkraft ruft eine gleichgroße entgegengesetzt gerichtete Haftreibungskraft hervor.

Die Haftreibungskraft ist keine konstante Kraft, sondern wächst mit der Kraft mit der man drückt oder zieht. Mit der Reibungsformel kann man die Kraft berechnen, die notwendig ist, um einen Körper (auf einem bestimmten Untergrund) überhaupt in Bewegung zu versetzen.

Als Beispiel soll ein 80 kg schwerer Stahlquader auf Eis geschoben werden. Für die Haftreibungszahl der Oberflächenkombination Stahl auf Eis findet man in der Literatur den Wert $\mu_{HR} = 0{,}03$. Auf einem ebenen Untergrund entspricht die Anpress- oder Normalkraft gerade der Gewichtskraft des Körpers.

Mit einer Fallbeschleunigung von $g = 9{,}81\,\text{m/s}^2$ erhalten wir eine Normalkraft von $F_N = 784{,}8$ N.

In die Reibungsformel eingesetzt erhalten wir eine Haftreibungskraft von

$$F_R = \mu_{HR} \cdot F_N = 0{,}03 \cdot 784{,}8\ \text{N} = 23{,}54\ \text{N}$$

Der Quader muss daher mit einer Kraft größer 23,54 N angeschoben werden, damit er sich überhaupt in Bewegung setzt.

In Bild 4.3 sieht man die Messung der Kräfte beim Ziehen eines Körpers auf einer festen Oberfläche. Man kann im Diagramm erkennen, wie die Haftreibungskraft kontinuierlich mit der Zugkraft steigt, bis sie einen maximalen Wert erreicht und dann in die Gleitreibung übergeht.

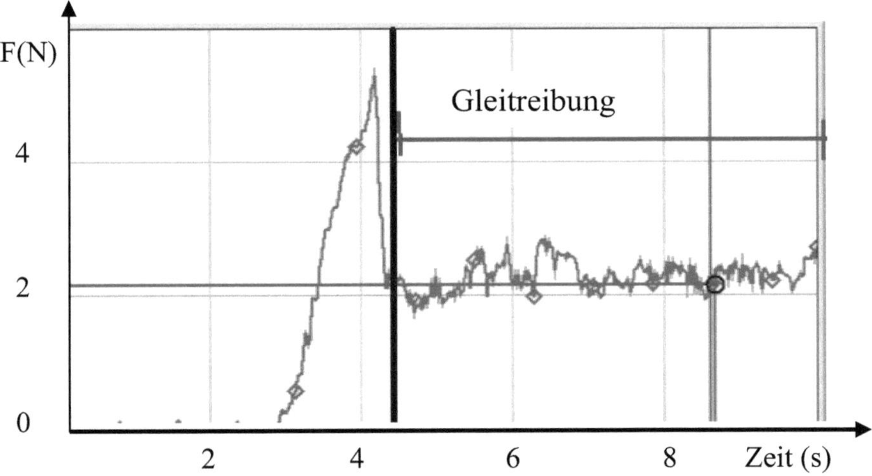

Bild 4.3: *Messung der Kräfte beim Ziehen eines Körpers*

Gleitreibungskraft

Auch wenn die Haftreibungskraft überwunden wird und sich der Körper bewegt, wird die Bewegung weiterhin durch eine Reibungskraft behindert – die **Gleitreibungskraft.** Wie man in Bild 4.3 erkennen kann, ist diese Reibungskraft kleiner als die maximale Haftreibungskraft und sie bleibt konstant – unabhängig von Geschwindigkeit und Zugkraft.

Mit der Reibungsformel kann man berechnen, um wie viel sich die Beschleunigung aufgrund der Oberflächenbeschaffenheiten verringert, wenn ein Körper über eine Oberfläche gleitet.

Zum Beispiel wird ein 5kg Stein auf einem ebenen Holzboden mit F = 100 N gezogen. Für die Gleitreibungszahl der Oberflächenkombination Stein auf Holz findet man in der Literatur den Wert μ_{GR} = 0,7. Auf einem ebenen Untergrund entspricht die Anpress- oder Normalkraft gerade der Gewichtskraft des Körpers. Mit einer Fallbeschleunigung von g = 9,81m/s^2 erhalten wir eine Normkraft von F_N = 49,05 N. In die Reibungsformel eingesetzt erhalten wir eine Gleitreibungskraft von

$$F_R = \mu_{GR} \cdot F_N = 0,7 \cdot 49,05 \text{ N} = 34,335 \text{ N}$$

Um diesen Wert ist die Zugkraft verkleinert, daher verbleibt für die Bewegung die Kraft F = 100 N − 34,335N = 65,665 N. Die Beschleunigung ist daher nur

$$a = \frac{F}{m} = \frac{65,665 \text{ N}}{5 \text{ kg}} = 13,133 \text{ m/s}^2.$$

Rollreibungskraft

Aus Erfahrung weiß man, dass es wesentlich leichter ist, ein Möbelstück mit Möbelrollen zu bewegen, als es über den Boden zu schieben. Die Rollreibungskraft ist immer kleiner als die Gleitreibungskraft. Daher muss die Rollreibungszahl auch kleiner als die Haft- und Gleitreibungszahl sein.

Bei der Rollreibung ist keine größere anfängliche Kraft zu überwinden, damit ein Körper überhaupt anfängt sich zu bewegen (im Gegensatz zum Gleiten). Egal, ob aus dem Stand oder während der Bewegung – die Rollreibungskraft ist immer gleich groß.

Ursachen der Reibungskräfte

Die Reibung zwischen zwei glatten Oberflächen ist geringer als die Reibung bei rauhen Oberflächen. Aber auch glatte Oberflächen sind bei Betrachtung unter dem Mikroskop noch Oberflächen mit Struktur, mit Höhen und Tiefen, die der Bewegung entgegenstehen. Diese Unebenheiten verzahnen sich, Das ist der Grund, warum es selbst bei glatten Oberflächen immer noch Reibung gibt.

Warum ist die Gleitreibungskraft kleiner als die Haftreibungskraft? Das mag verblüffend sein, da sich die Oberflächen durch die Gleitbewegung ja nicht ändern. Um einen Körper überhaupt schieben zu können, muss sich zunächst der Körper soweit heben, dass die Zacken aneinander vorbei gleiten können. Wird ein Körper verschoben, fällt er zwar wieder ein wenig in die Täler, und muss gehoben werden, aber nie wieder so tief wie am Anfang, als er noch ruhte.

4.2 Bewegung auf der schiefen Ebene

Steigung

Zunächst müssen wir uns mit dem Begriff der Steigung beschäftigen. Die Steigung ist definiert als das Verhältnis von Höhe zur horizontalen Länge. Aber sie kann auch als Prozentwert p oder als Winkel oder als Steigungsverhältnis 1 : n ausgedrückt werden.

$$p \cdot 100\,\% = \frac{\text{Höhe}}{\text{Länge}} = 1 : n = \tan\alpha$$

Bild 4.4 *Steigungsbeschreibung*

Bild 4.5 *Beschäftigung mit Steigung (der schiefen Ebene) im Kindergarten*

Beispiel 1

Wir rechnen die Steigung von 16 % um in den Winkel α und in das Steigungsverhältnis 1:n.

$$16\,\% = 0{,}16 = \tan\alpha = \frac{1}{n}$$

$$\alpha = 9{,}1°$$

$$1 : n = 1 : 6{,}25$$

Schiefe Ebene

Die Kraftkomponenten bei einem bestimmten Steigungswinkel der Ebene berechnen wir mit Hilfe der Winkelfunktionen. In Bild 4.6 sieht man, dass der Steigungswinkel α, auch in dem Kräfteparallelogramm auftritt. Die Gewichtskraft F_G wird zerlegt in die Normalkraft F_N und die so genannte Hangabtriebskraft F_H, die versucht, den Körper den Hang hinunter zu treiben.

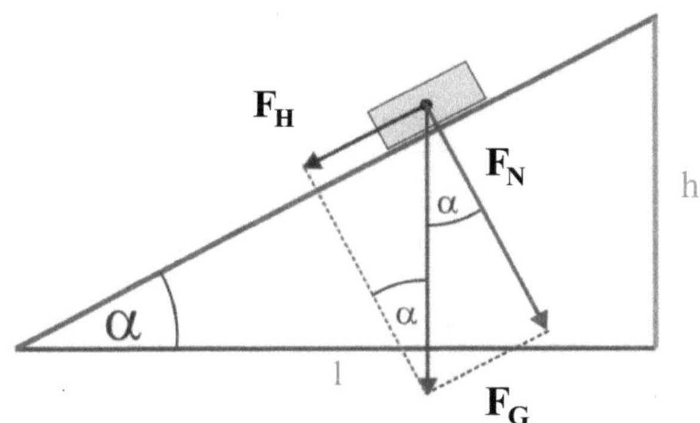

Bild 4.6 *Kräfte an der Schiefen Ebene*

Beispiel 1

Wir berechnen die Hangabtriebskraft und die Normalkraft an einer Ebene mit einem Neigungswinkel α von 25,03° für einen Körper mit einer Masse von 73,23 kg.

Die Gewichtskraft beträgt 73,23 kg $\cdot$ 9,81 m/s² = 718,39 N.

Für den Betrag der Hangabtriebskraft und für den Betrag der Normalkraft erhalten wir:

$$F_H = F_G \cdot \sin \alpha = 718{,}39 \text{ N} \cdot \sin 25{,}03° = 303{,}94 \text{ N}$$

$$F_N = F_G \cdot \cos \alpha = 718{,}39 \text{ N} \cdot \cos 25{,}03° = 650{,}92 \text{ N}$$

Beispiel 2

Eine 35 kg schwere Kiste wird auf einem Steinfußboden mit einer Gleitreibungszahl von $\mu_{GR} = 0{,}3$ gezogen. Welche Kraft ist zum Ziehen erforderlich?

Anschließend wird die Kiste auf einer schiefen Ebene des gleichen Materials mit einer Steigung von 40° hinaufgezogen. Welche Kraft ist jetzt erforderlich?

$$F_R = \mu_{GR}F_N = 0,3 \cdot 35 \text{ kg} \cdot 9,81 \text{ m/s}^2 = 103 \text{ N}$$

Zum Ziehen der Kiste auf dem ebenen Steinfußboden ist eine Kraft von 103 N erforderlich.

Nun muss außer der Reibung die Hangabtriebskraft berücksichtigt werden. Beide Kräfte sind der Zugkraft F_Z entgegengerichtet. Für die Beträge der Kräfte gilt:

$$F_Z = F_H + F_R = F_G \cdot \sin \alpha + \mu_{GR} \cdot F_G \cos \alpha$$

$$= 35 \text{ kg} \cdot 9,81 \text{ m/s}^2 (\sin 40° + 0,3 \cdot \cos 40°) = 299,6 \text{ N}$$

Nun ist eine Zugkraft von 299,6 N erforderlich.

Schiefe Ebene mit Umlenkrolle

Wir betrachten eine schiefe Ebene mit einer Steigung von 60°.

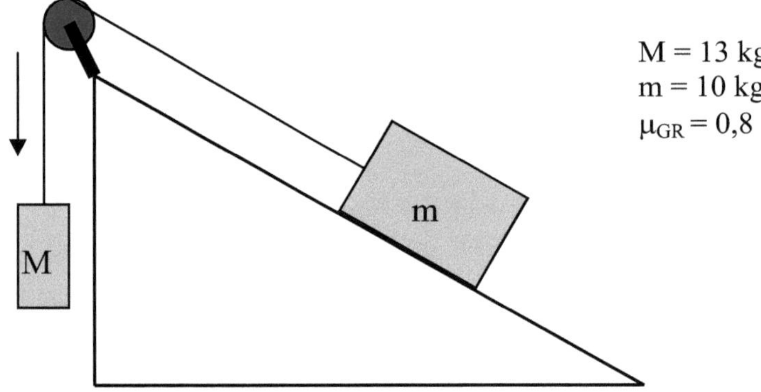

Bild 4.7 *Schiefe Ebene mit Umlenkrolle*

Die beiden Massen sind durch ein Seil verbunden und bewegen sich in Pfeilrichtung.

a) Berechnen Sie Hangabtriebskraft und Reibungskraft auf der schiefen Ebene.

b) Welche Beschleunigung erfährt das Massesystem?

Der Körper M wird mit g beschleunigt, vermindert durch die Hangabtriebskraft, die versucht, den Körper m die schiefe Ebene hinunter zu ziehen. Dem Fall von M wirkt auch die Reibungskraft auf der schiefen Ebene entgegen.

a) $\quad F = (M + m) \cdot a = M \cdot g - F_R - F_H$

$\quad F_R = m \cdot g \cdot \mu_{GR} \cdot \cos \alpha = 10 \text{ kg} \cdot 9{,}81 \text{ m/s}^2 \, 0{,}8 \cdot \cos 60^\circ = 39{,}24 \text{ N}$

$\quad F_H = m \cdot g \cdot \sin \alpha = 10 \text{ kg} \cdot 9{,}81 \text{ m/s}^2 \ \sin 60^\circ = 84{,}96 \text{ N}$

Die Reibungskraft beträgt 39,24 N und die Hangabtriebskraft 84,96 N.

b) $\quad a = \dfrac{M \cdot g - F_R - F_H}{M + m} = \dfrac{13 \text{ kg} \cdot 9{,}81 \text{ m/s}^2 - 39{,}24 \text{ N} - 84{,}96 \text{ N}}{10 \text{ kg} + 13 \text{ kg}} = 0{,}14 \dfrac{m}{s^2}$

Das Massesystem bewegt sich mit einer Beschleunigung von 0,14 m/s².

Bestimmung von Haftreibungszahlen

Hafttreibungszahlen können mit Hilfe von schiefen Ebenen bestimmt werden. Bei der Steigung der Ebene, bei der Probekörper zu rutschen beginnt, hat die Hangabtriebskraft die maximale Haftreibungskraft überschritten. Aus dem Gleichgewicht von Hangabtriebskraft und Haftreibungskraft ergibt sich:

$\quad F_H = F_R$

$\quad F_G \cdot \sin \alpha = \mu_{HR} \cdot F_G \cdot \cos \alpha$

$\quad \mu_{HR} = \tan \alpha$

Beispiel

Der Winkel, bei dem ein Stahlkörper auf einer schiefen Ebene aus Holz zu rutschen beginnt, betrage 26,6°. Wie groß ist die Haftreibungszahl zwischen Stahl und Holz?

$\quad \mu_{HR} = \tan \alpha = \tan 26{,}6^\circ = 0{,}50$

Die Haftreibungszahl beträgt 0,50.

4.3 Flaschenzug und Atwoodsche Fallmaschine

Für alle Überlegungen in diesem Abschnitt gehen wir immer von massenlosen und reibungsfreien Rollen aus. In der Praxis steigt jedoch die **Lagerreibung** mit der Anzahl der Rollen und beschränkt somit die Wirkung von Seil- und Flaschenzügen. Unter einer **festen Rolle** versteht man in der Physik eine Rolle die an einer Wand oder Decke befestigt ist.

Unter einer **losen Rolle** versteht man eine Rolle, die sich bei der Verwendung bewegt. Eine einfache lose Rolle entspricht einem einseitigen Hebel. Die Krafterleichterung entspricht dem Verhältnis von Radius zu Durchmesser, also 1:2. Im selben Verhältnis verlängert sich der Weg: Um die Last 1 m zu heben, muss das Seil 2 m gezogen werden.

Bild 4.8 *Feste und lose Rolle*

Häufig verwendet man zusätzlich eine **feste Rolle** um die Kraft umzulenken. Eine einfache feste Rolle entspricht einem zweiseitigen Hebel bei dem der Lastarm und der Kraftarm dieselbe Länge haben. Daher führt eine feste Rolle zu keiner Krafterleichterung – die Kraft wird lediglich in eine andere Richtung umgelenkt. Bei einem **Flaschenzug** wird durch Hinzufügen von weiteren losen und festen Rollen der Kraftaufwand weiter verkleinert. Der Name *Flaschen*zug kommt von den Halterungen der Rollen, die in der Fachsprache als *Flasche* bezeichnet werden.

Beispiel Flaschenzug

Ein Flaschenzug wie in Bild 4.8 sei mit einer Masse von 10 kg belastet. Die lose Rolle verteilt die Last gleichmäßig auf zwei Seile. Welche Zugkraft ist erforderlich, um die Last zu heben? Reibung und Rollengewicht werden nicht berücksichtigt.

$$F_{Zug} = \frac{F_{Hub}}{2} = \frac{10\,kg \cdot 9{,}81\,m}{2 \cdot s^2} = 49{,}05\,N$$

Es ist eine Zugkraft von 49,05 N erforderlich.

Die **Atwoodsche Fallmaschine** wurde 1784 von George Atwood (1745–1807) entwickelt, um die Gesetze der gleichmäßig beschleunigten Bewegung zu untersuchen. Man kann mit ihr mit einfachen Mitteln statt der Fallbeschleunigung eine beliebig verringerte Beschleunigung erzeugen.

Beispiel

Zwei Körper mit den Massen $m_1 = 1$ kg und $m_2 = 1,2$ kg sind über eine reibungsfrei angenommene feste Rolle durch einen Faden verbunden (Bild 4.9). Die Versuchsanordnung wird im abgebildeten Zustand losgelassen. Die Massen von Rolle und Faden sollen nicht berücksichtigt werden.

a) Mit welcher Beschleunigung setzt sich die Anordnung in Bewegung?

b) Mit welcher Geschwindigkeit setzt der Körper 2 auf den Boden auf?

c) Welche Kraft wirkt im Seil?

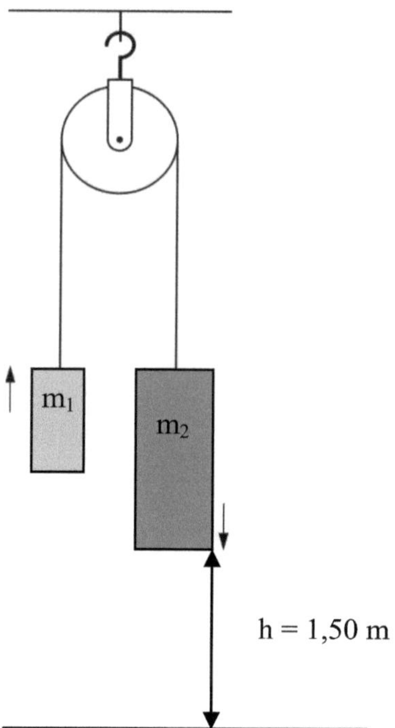

Bild 4.9 *Atwoodsche Fallmaschine*

a) Die beschleunigende Kraft ergibt sich aus der Differenz der Gewichtskräfte der beiden Körper.

$$F_a = F_{G2} - F_{G1}$$
$$\left(m_1 + m_2\right) \cdot a = m_2 \cdot g - m_1 \cdot g$$

Wir stellen die Gleichung nach der Beschleunigung a um:

$$a = \frac{m_2 - m_1}{m_1 + m_2}\, g = \frac{1{,}2\,kg - 1\,kg}{1\,kg + 1{,}2\,kg}\, 9{,}81\,\frac{m}{s^2} = 0{,}89\,\frac{m}{s^2}$$

Die Versuchsanordnung bewegt sich mit einer Beschleunigung von 0,89 m/s².

b) Aus der zeitunabhängigen Bewegungsgleichung ergibt sich:

$$v = \sqrt{2 \cdot a \cdot h} = \sqrt{2 \cdot 0{,}89\,\frac{m}{s^2} \cdot 1{,}5m} = 1{,}63\,\frac{m}{s}$$

Die Masse m_2 schlägt mit einer Geschwindigkeit von 1,63 m/s auf dem Boden auf.

Bestimmung der Seilkraft T

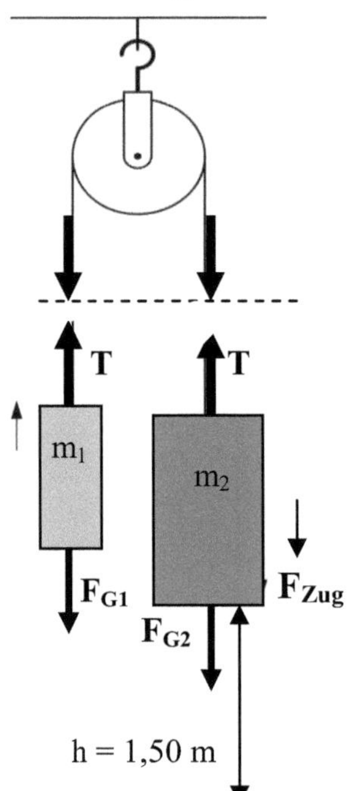

Bild 4.10 *Atwoodsche Fallmaschine mit Seilkräften*

Über die Kräfte im Seil können wir uns mit Hilfe des **Freischneidens (Freistellens)** informieren. In Gedanken schneiden wir die beiden Seile durch.

Die Kraft **T** ist im gesamten Seil gleich groß.
Also greift an beiden Gewichten **T** an.

Wir erstellen für beide Teile der Fallmaschine je eine Bewegungsgleichung:

$$m_1 \cdot \mathbf{a_1} = \mathbf{F_{g1}} + \mathbf{T}$$
$$m_2 \cdot \mathbf{a_2} = \mathbf{F_{g2}} + \mathbf{T}$$

$$m_1 \cdot (-a) = m_1 \ g - T \qquad\qquad (1)$$
$$m_2 \cdot a \quad\ = m_2 \ g - T \qquad\qquad (2)$$

Wir subtrahieren Gleichung (2) von (1) und erhalten die Beschleunigung a.

$$a = \frac{m_2 - m_1}{m_1 + m_2} \, g$$

Nun addieren wir die Gleichungen (1) und (2) und stellen sie nach T um:

$$T = \frac{2m_1 m_2}{m_1 + m_2} \, g = \frac{2 \cdot 1\,\text{kg} \cdot 1{,}2\,\text{kg}}{1\,\text{kg}_1 + 1{,}2\,\text{kg}} 9{,}81 \, \frac{\text{m}}{\text{s}^2} = 10{,}7 \, \frac{\text{kgm}}{\text{s}^2} = 10{,}7 \ \text{N}$$

4.4 Impuls und Stoßprozesse

Definition von Impuls

Die physikalische Größe **Impuls** (engl. *momentum*) entspricht am ehesten dem Begriff „Wucht" oder „Schwung" aus der Alltagssprache. Die physikalische Definition lautet

Impuls = Masse · Geschwindigkeit,

oder in Symbolschreibweise

$$\mathbf{p} = m \cdot \mathbf{v}$$

Der Impuls ist das Produkt aus einem Skalar (Masse) und einem Vektor (Geschwindigkeit) und ist somit ebenfalls eine vektorielle Größe.

Die Maßeinheit für den Impuls ergibt sich zu:

$$[p] = [m] \cdot [v] = \text{kg} \cdot \text{m/s} = \text{kg} \cdot \text{m} \cdot \text{s}^{-1}$$

Die Einheit „Kilogramm Meter pro Sekunde" hat keinen eigenen Namen.

Mit Hilfe des Impulsbegriffs kann man das dynamische Grundgesetz $\mathbf{F} = m \cdot \mathbf{a}$ umschreiben in:

$$\mathbf{F} = \frac{\Delta \mathbf{p}}{\Delta t}$$

Das setzt allerdings voraus, dass die Masse konstant ist. In einigen wenigen Fällen ist das nicht der Fall, zum Beispiel beim Raketenflug, wo sich die Masse des Treibstoffs durch das Verbrennen verkleinert.

Impulserhaltung

Im folgenden Bild ist ein so genanntes Kugelstoßpendel dargestellt. Wenn man auf der linken Seite eine Kugel auslenkt und dann loslässt, schwingt genau eine Kugel auf der rechten Seite auf gleiche Höhe aus.

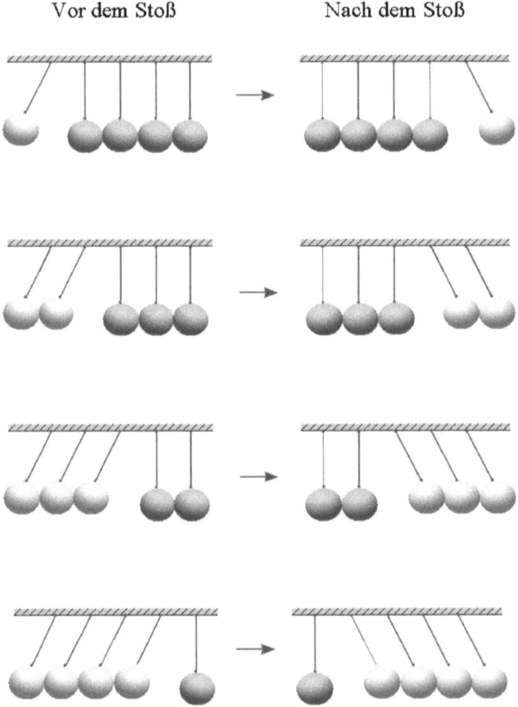

Bild 4.10 *Kugelstoßpendel*

Lenkt man zwei Kugeln aus, so werden auf der rechten Seite genau zwei Kugeln ausgelenkt und so weiter.

Der Schlüssel zum Verständnis dieser Vorgänge ist der Impulserhaltungssatz.

Der **Impulserhaltungssatz** besagt, dass in einem abgeschlossenen System, das aus verschiedenen materiellen Punkten besteht, die miteinander in Wechselwirkung stehen, der Gesamtimpuls erhalten bleibt.

$$\Sigma \, \Delta \mathbf{p_i} = 0$$

Beispiel Mann im Boot

Ein Mann (Masse m_1) geht in einem Boot mit der Masse m_2, das im Wasser ruht, nach vorn, mit der Geschwindigkeit v_1.

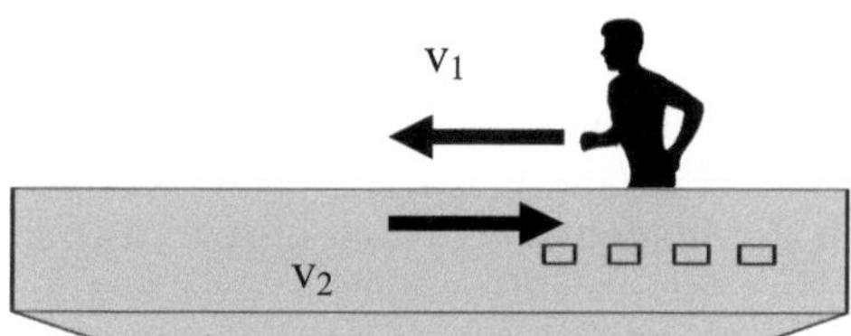

Bild 4.11 *Mann im Boot*

Was geschieht mit dem Boot?

Da der Gesamtimpuls konstant ist, gilt:

$$m_1 \cdot \mathbf{v_1} + m_2 \cdot \mathbf{v_2} = 0 \quad \Rightarrow \quad \mathbf{v_2} = -\frac{m_1}{m_2} \cdot \mathbf{v_1}$$

Das Boot bewegt sich mit der Geschwindigkeit $v_2 = \dfrac{m_1}{m_2} \cdot v_1$ nach hinten.

Stoßvorgänge

Unter einem **Stoß** (engl. *collision*) versteht man ein isoliertes Ereignis, während dessen zwei oder mehrere Körper für eine relativ kurze Zeit relativ starke Kräfte aufeinander ausüben.

Aus physikalischer Sicht müssen die folgenden drei Arten unterschieden werden,
der elastische, der vollkommen unelastische und der unelastische Stoß. Für uns
sind die beiden ersteren interessant, weil sie sich berechnen lassen.

Bild 4.12 *Beispiel: unelastischer Stoß (links) und elastischer Stoß (rechts)*

Beim **vollkommen unelastischen Stoß** findet man auch die Bezeichnungen
inelastischer oder plastischer Stoß. **Bei diesem Stoß verformen und vereinigen
sich die beiden Körper zu einem einzigen Körper (m_1+m_2) nach dem Stoß.**
Weil es zu einer dauerhaften Verformung kommt, gilt bei dieser Art von Stoß
die mechanische Energieerhaltung nicht mehr. Die Themen Energie und Energieerhaltung werden in Kapitel 5 ausführlich behandelt.

Verkeilen sich zwei Fahrzeuge bei einem Auffahrunfall, so handelt es sich um
einen vollkommen unelastischen Stoß. Entsprechend kann es nach dem Stoß
auch nur eine einzige Geschwindigkeit, nämlich die der vereinten Masse, geben.

Auch wenn die mechanische Energie bei einem vollkommen unelastischen Stoß
nicht erhalten bleibt, die Impulserhaltung gilt bei jedem Stoßprozess. Die Gleichung liefert

$$m_1 \cdot v_1 + m_2 \cdot v_2 = (m_1 + m_2) \cdot u$$

Diese Geschwindigkeit u ist also die einzige Unbekannte und wir können sie mit
einer einzigen Gleichung berechnen, wenn wir die Massen und Geschwindigkeiten der Körper vor dem Stoß kennen.

$$u = \frac{m_1 \cdot v_1 + m_2 \cdot v_2}{m_1 + m_2}$$

Falls beide Körper dieselbe Masse haben, ergibt sich:

$$u = \frac{m \cdot v_1 + m_2 \cdot v_2}{2 \cdot m} = \frac{v_1 + v_2}{2}$$

Für den Fall, dass der 2. Körper vor dem Stoß ruht und beide Körper die gleiche Masse haben, ergibt sich:

$$u = \frac{m \cdot v_1 + m_2 \cdot 0}{2 \cdot m} = \frac{v_1}{2}$$

Rechenbeispiel zum vollkommen unelastischen Stoß

Ein Körper ($m_1 = 60$ g) kommt von links und bewegt sich mit einer Geschwindigkeit von 1m/s. Ein zweiter Körper ($m_2 = 20$ g) kommt von rechts und bewegt sich mit einer Geschwindigkeit von 4 m/s auf den ersten Körper zu. Bei dem anschließenden Stoß verkeilen sich beide Körper. Wie groß ist die Geschwindigkeit der Körper nach dem Stoß?

Es handelt sich um ein *eindimensionales* Problem und wir müssen nicht mit Vektoren rechnen. Der erste Körper bewegt sich von links nach rechts. Seine Geschwindigkeitsrichtung ist positiv, also

$$v_1 = 1 \text{ m/s}.$$

Der zweite Körper bewegt sich von rechts nach links, das entspricht einer negativen Geschwindigkeit, also

$$v_2 = -4 \text{ m/s}$$

Einsetzen in die Gleichung für u liefert:

$$u = \frac{m_1 \cdot v_1 + m_2 \cdot v_2}{m_1 + m_2} = \frac{60\,\text{g} \cdot 1\frac{\text{m}}{\text{s}} - 20\,\text{g} \cdot 4\frac{\text{m}}{\text{s}}}{60\,\text{g} + 20\,\text{g}} = -0{,}25\frac{\text{m}}{\text{s}}$$

Nach dem Stoß bewegen sich die Körper mit einer Geschwindigkeit von 0,25 m/s nach links.

Findet ein **elastischer Stoß** statt, kommt es zu keiner dauerhaften Verformung der beteiligten Körper. Es gibt nach dem Stoß zwei Geschwindigkeiten und somit zwei Unbekannte. Bei einem elastischen Stoß gilt aber neben dem Impulserhaltungssatz auch der Energieerhaltungssatz. Wir stellen für zwei Körper mit den Massen m_1 und m_2 den Energieerhaltungssatz und den Impulserhaltungssatz auf. Vor dem Stoß haben die Körper die Geschwindigkeiten v_1 und v_2, nach dem Stoß die Geschwindigkeiten u_1 und u_2.

Energieerhaltungssatz:

$$\frac{m_1 \cdot v_1^2}{2} + \frac{m_2 \cdot v_2^2}{2} = \frac{m_1 \cdot u_1^2}{2} + \frac{m_2 \cdot u_2^2}{2}$$

Impulserhaltungssatz:

$$m_1 \cdot v_1 + m_2 \cdot v_2 = m_1 \cdot u_1 + m_2 \cdot u_2$$

Löst man das Gleichungssystem nach den unbekannten Geschwindigkeiten u_1 und u_2 nach dem Stoß auf, so erhält man die Ausdrücke

$$u_1 = \frac{(m_1 - m_2) \cdot v_1 + 2 \cdot m_2 \cdot v_2}{m_1 + m_2}$$

und

$$u_2 = \frac{(m_2 - m_1) \cdot v_2 + 2 \cdot m_1 \cdot v_1}{m_1 + m_2}.$$

Ein Spezialfall ist der zentrische elastische Stoß von **zwei gleich großen Massen**, bei denen die zweite Masse vor dem Stoß ruht. In diesem Fall geht der Impuls vollständig auf den zweiten Körper über und der erste Körper bleibt stehen. Genau so einen Fall haben wir beim **Kugelstoßpendel.**

Rechenbeispiel zum elastischen Stoß

Auf einem Air-Hockey-Tisch trifft ein Puck ($m_1 = 30$ g) mit einer Geschwindigkeit von 6 m/s zentrisch auf einen ruhenden Puck mit doppelter Masse.

Welche Geschwindigkeiten haben die Körper nach dem Stoß?

Durch den zentrischen Stoß handelt es sich um ein eindimensionales Problem und wir müssen nicht mit Vektoren rechnen. Die Größen vor dem Stoß lauten

$$m_1 = 0,03 \text{ kg}; \quad v_1 = 6 \text{ m/s}; \quad m_2 = 0,06 \text{ kg und } \quad v_2 = 0 \text{ m/s}.$$

Einsetzen in die Gleichungen für den elastischen Stoß liefert:

$$u_1 = \frac{(m_1 - m_2) \cdot v_1 + 2 \cdot m_2 \cdot v_2}{m_1 + m_2} = \frac{(0,03\,\text{kg} - 0,06\,\text{kg}) \cdot 6\,\text{m/s}}{0,03\,\text{kg} + 0,06\,\text{kg}} = -2\,\frac{\text{m}}{\text{s}}$$

$$u_2 = \frac{(m_2 - m_1) \cdot v_2 + 2 \cdot m_1 \cdot v_1}{m_1 + m_2} = \frac{2 \cdot 0{,}03\,\text{kg} \cdot 6\,\text{m/s}}{0{,}03\,\text{kg} + 0{,}06\,\text{kg}} = 4\,\frac{\text{m}}{\text{s}}$$

Für die Geschwindigkeiten ergeben sich $u_1 = -\,2$ m/s und $u_2 = 4$ m/s.

Beim Stoß prallt der erste Körper zurück und bewegt sich nach dem Stoß verlangsamt mit der Geschwindigkeit 2 m/s in die entgegengesetzte Richtung, während der zweite Körper sich mit einer Geschwindigkeit von 4 m/s nach rechts bewegt.

Der **unelastischer Stoß** (engl. *inelastic collision*): ist eine Mischform der beiden jetzt behandelten Formen. Wie beim vollkommen unelastischen Stoß, kommt es auch hier zu einer dauerhaften Verformung der Körper, allerdings vereinigen sich die stoßenden Körper *nicht* zu einem einzigen Körper. Hier gilt nur die Impulserhaltung, die Erhaltung der mechanischen Energie nicht. Der Ausgang lässt sich hier nicht berechnen. Ein Autounfall, bei dem sich die beiden Wagen nicht verkeilen, ist ein Beispiel für einen unelastischen Stoß.

Anwendungen der Impulserhaltung

Das ballistische Pendel

Das ballistische Pendel ist ein einfaches mechanisches Gerät zur Bestimmung der Geschwindigkeit von Projektilen. Dabei wird ein Projektil der Masse m in ein, an Schnüren aufgehängtes, Holzstück der Masse M (das Pendel) geschossen und bleibt dort stecken, daher handelt es sich um einen vollkommen inelastischen Stoß.

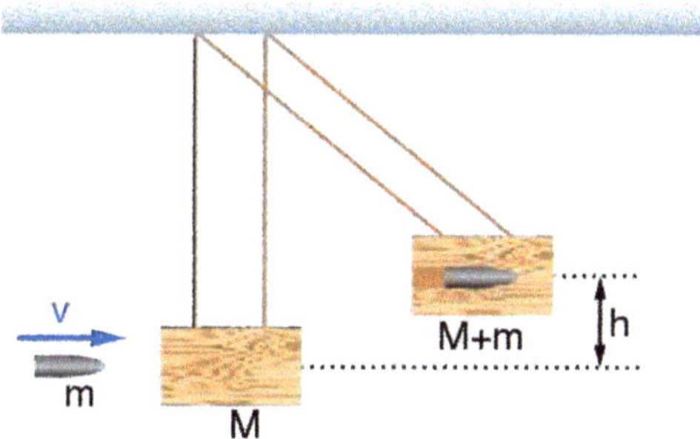

Bild 4.13 *Ballistisches Pendel*

Aus der Impulserhaltung folgt:

$$(M + m) \cdot u = m \cdot v$$

Nach dem Stoß besitzt das Holzstück mit dem Projektil die kinetische Energie

$$E_{kin} = \frac{M + m}{2} u^2$$

Das Pendel schwingt zur Seite aus und die anfängliche kinetische Energie E_{kin} wandelt sich in potenzielle Energie E_{pot} um.

$$E_{pot} = (M + m) \cdot g \cdot h$$

Am höchsten Punkt bestimmt man die Hubhöhe h des Holzstücks.

Daraus lässt sich jetzt ein Zusammenhang von Geschoßgeschwindigkeit v und Hubhöhe des Pendels h herleiten. Gleichsetzen der kinetischen Energie E_{kin} und der potentiellen Energie E_{pot} liefert:

$$E_{kin} = E_{pot}$$

$$E_{kin} = \frac{M + m}{2} u^2 = (M + m) \cdot g \cdot h$$

Wir formen die Gleichung nach u um und erhalten für die Geschwindigkeit u nach dem Stoß den Ausdruck

$$u = \sqrt{2 \cdot g \cdot h}$$

Setzen wir nun diesen Ausdruck in die Gleichung für die Impulserhaltung ein, so erhalten wir:

$$m \cdot v = (M + m)\sqrt{2 \cdot g \cdot h}$$

Für die ursprüngliche Geschoßgeschwindigkeit v erhalten wir damit:

$$v = \frac{(M + m)}{m} \sqrt{2 \cdot g \cdot h}$$

Sind die Massen von Holzstück und Projektil, sowie die entstandene Hubhöhe h bekannt, lässt sich die Geschwindigkeit des Projektils berechnen.

Swing-by Manöver

In der Raumfahrt versucht man Treibstoff zu sparen, indem man das Swing-by Manöver durchführt. Dabei wird eine Raumsonde so gesteuert, dass sie nahe an einem Planeten vorbei fliegt. Je nachdem, wie die Bahn am Planeten vorbei geführt wird, kann man die Raumsonde beschleunigen oder verlangsamen. Dieses Manöver kann als langsam ablaufender elastischer Stoß betrachtet werden. Auch hier gilt die Energie- und Impulserhaltung. Die zusätzliche Bewegungsenergie und den zusätzlichen Impuls, den die Raumsonde nach dem Swing-by Manöver erhält, stammen von dem Planeten.

Beispiel

Die Raumsonde Voyager 2 (mit der Masse m_2 und der Geschwindigkeit $v_2 = 12$ km/s relativ zur Sonne) nähert sich dem Planeten Jupiter (mit der Masse m_1 und der Bahngeschwindigkeit von $v_1 = 13$ km/s relativ zur Sonne). Nach der Umrundung des Planeten fliegt die Sonde in der entgegen gesetzten Richtung davon. Wie schnell bewegt sich die Sonde nach dem Manöver, das wir als Stoß behandeln wollen.

Die Masse des Jupiters ist sehr viel größer als die Masse der Sonde. Wir können die Masse der Sonde (m_2) vernachlässigen.

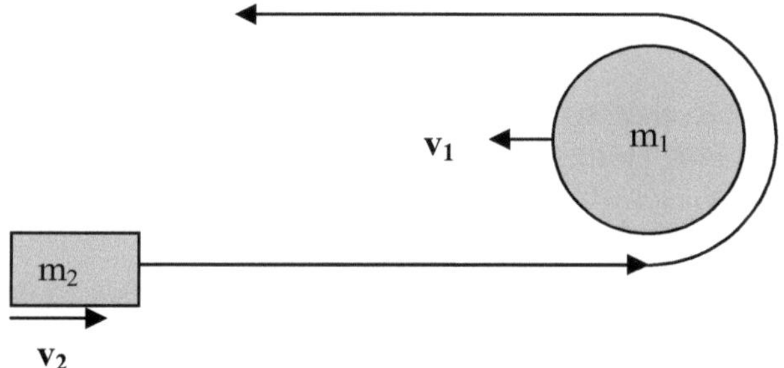

Bild 4.14 *Voyager 2 umrundet den Jupiter*

$$u_2 = \frac{(m_2 - m_1) \cdot v_2 + 2\,m_1 v_1}{m_1 + m_2}$$

$$u_2 = \frac{-m_1 v_2 + 2\,m_1 v_1}{m_1} = -v_2 + 2v_1 = -12\,\frac{km}{s} + 2 \cdot \left(-13\,\frac{km}{s}\right) = -38\,\frac{km}{s}$$

Die Sonde fliegt nach dem Manöver mit 38 km/s zurück.

4.5 Aufgaben zur Dynamik

1.

Eine Pendelkugel (1) von $m_1 = 120$ g fällt von der Höhe $h_1 = 11$ cm und trifft in A elastisch auf eine ruhende Pendelkugel (2) der Masse $m_2 = 50$g.

a) Bestimmen Sie die kinetische Energie und die Geschwindigkeit der Kugel (1) in A.

b) Welche Höhe h_2 erreicht die Kugel (2) nach dem Stoß?

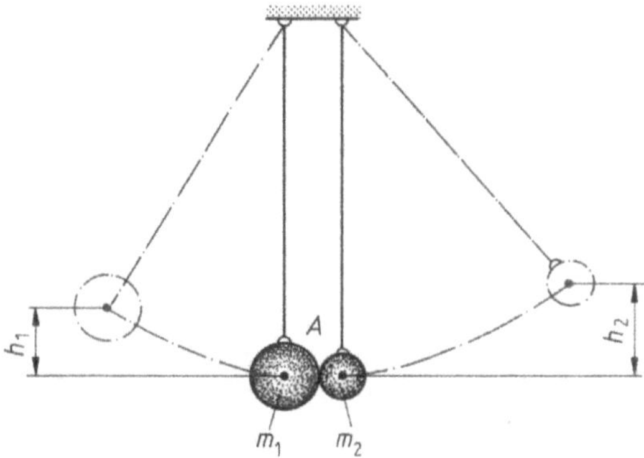

2.

Ein 10 g schweres Geschoß trifft auf ein ballistisches Pendel der Masse von 5 kg. Das Pedel wird auf eine Höhe von 20 cm angehoben. (Bild 4.13)

a) Berechen Sie die Geschwindigkeit der beiden Körper nach dem Stoß.

b) Berechnen Sie die Geschoßgeschwindigkeit.

3.

Ein LKW der Masse m =15 t und der Geschwindigkeit $v_0 = 80$ km/h soll auf ebener Strecke in 30 s zum Stehen kommen. Die Reibungszahl beträgt $\mu = 0{,}02$.

a) Berechnen Sie die notwendige Bremskraft.

b) Wie lang ist der Bremsweg?

4.

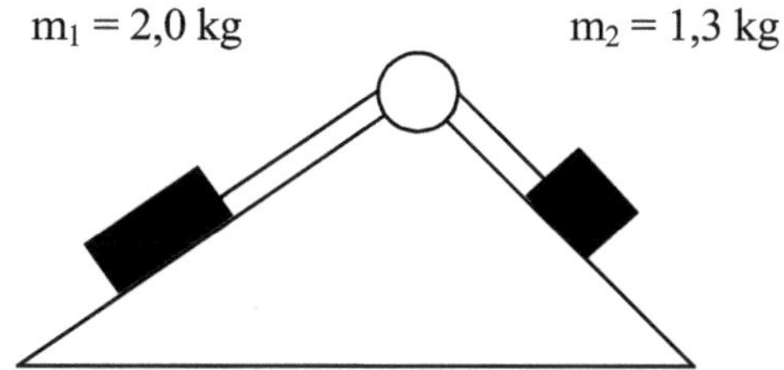

An der schiefen Ebene (Neigungswinkel links 35° und rechts 45°) hängt links eine Masse von 2 kg und rechts eine von 1,3 kg. In welche Richtung und mit welcher Beschleunigung setzt sich das Gespann in Bewegung? Die Reibung zwischen den Massen und dem Untergrund beträgt $\mu = 0,01$.

5.

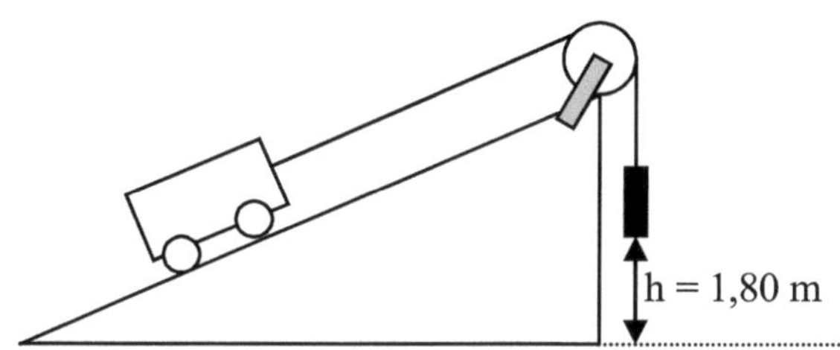

An dem Schrägaufzug (Neigungswinkel 30°) hängt ein Wagen mit einer Masse von 60 kg. Der Wagen ist über ein Seil und eine Rolle mit einem Antriebskörper der Masse 40 kg verbunden. Die Reibungszahl zwischen Wagen und Untergrund beträgt $\mu = 0,02$. Die Reibung und die Masse von Rolle und Seil sind vernachlässigbar. Vor dem Start ist der Antriebskörper 1,80 m über dem Boden.

a) Mit welcher Beschleunigung setzt sich die Anordnung in Bewegung?
b) Welche maximale Geschwindigkeit v_{max} kann die Anordnung erreichen?
c) Nach dem Aufsetzen des Antriebskörpers führt der Wagen eine verzögerte Bewegung aus. Berechen Sie den dabei zurückgelegten Weg.

6.

Eine Masse mit $v_1 = 20$ km/h stößt elastisch auf eine gleich große ruhende Masse. Welche Geschwindigkeiten haben die beiden Massen nach dem Stoß?

7.

Der abgebildete Flaschenzug sei mit einer Masse von 60 kg belastet.
Wie groß ist die erforderliche Zugkraft, um die Masse zu heben?
Wie lang ist der Weg s_2, wenn s_1 gleich 1 m ist?

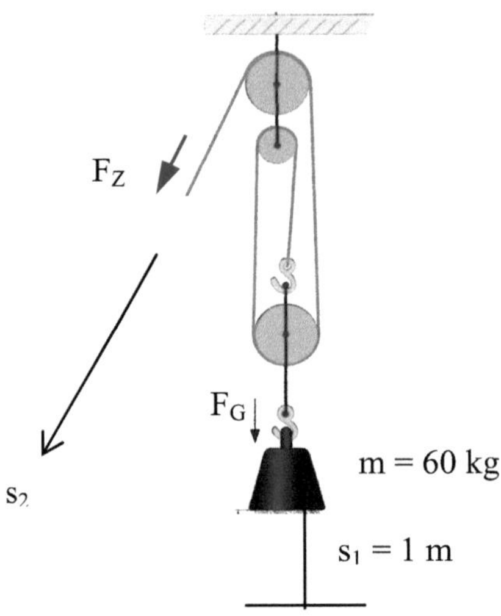

8.

Mit einem Flaschenzug soll eine Last von 100 kg gehoben werden. Es soll nur
eine Kraft von 250 N eingesetzt werden. Wie viele tragende Seilstücke sollte der
Flaschenzug haben?

5 Arbeit, Energie und Leistung

5.1 Arbeit

Arbeit eng. (*work*) wird in der Physik verrichtet, wenn ein Körper durch eine äußere Kraft entlang eines Weges bewegt wird.

Die **physikalischen Arbeit** W berechnet sich als das Wegintegral der Kraft:

$$W = \int_{s_1}^{s_2} \mathbf{F} \cdot (\mathbf{s}) \; d\mathbf{s}$$

Ist die Kraft konstant, kann die Arbeit einfacher mit der folgenden Gleichung berechnet werden:

$$W = \mathbf{F} \cdot \mathbf{s} = F \cdot s \cdot \cos \alpha$$

Wird der Winkel zwischen Kraft und Weg 90°, dann wird $\cos \alpha = 0$ und damit auch die Arbeit. Physikalische Arbeit ist das Skalarprodukt aus zwei Vektoren. Die Arbeit ist daher eine ungerichtete Größe.

$$[W] = [F] \cdot [s] = Nm$$

Diese Einheit wird zu Ehren des britischen Physikers James Prescott Joule ein **Joule** genannt. Ein Joule durch Basiseinheiten ausgedrückt lautet:

$$1 \, J = 1 \, Nm = 1 \, kgm^2/s^2$$

Zeigen Kraft und Weg in entgegen gesetzte Richtungen, erhält die Arbeit ein negatives Vorzeichen. Eine negative Arbeit bedeutet physikalisch, dass das System Arbeit verrichtet, nach außen abgegeben, hat. Ein typisches Beispiel dafür ist die Volumenarbeit, die wir im Kapitel Thermodynamik kennen lernen werden.

Beispiel 1

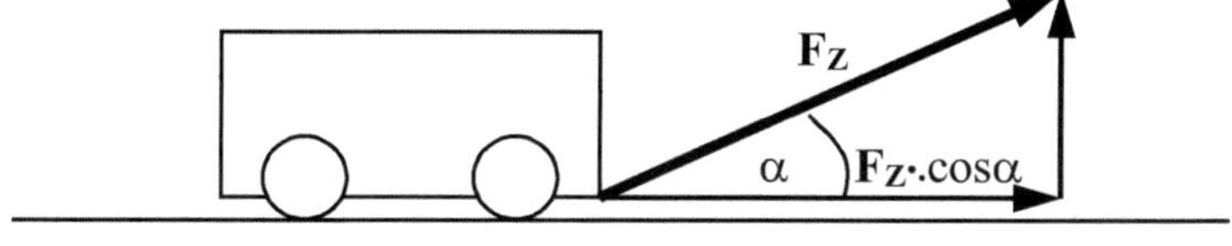

Bild 5.1 *Ziehen eines Handwagens*

Eine Zugkraft $\mathbf{F_z}$ von 24 N wirkt in Richtung der Deichsel, die mit dem Untergrund einen Winkel $\alpha = 40°$ einschließt. Wie groß ist die verrichtete Arbeit, wenn der Wagen 1 km weit gezogen wird?

$$W = F_z \cdot s \cdot \cos\alpha = 24\ \text{N} \cdot 1000\ \text{m} \cdot \cos 40° = 18,4\ \text{kNm}$$

Es wird eine Arbeit von 18,4 kNm = 18,4 kJ verrichtet.

Beispiel 2: Arbeit beim Spannen einer Feder

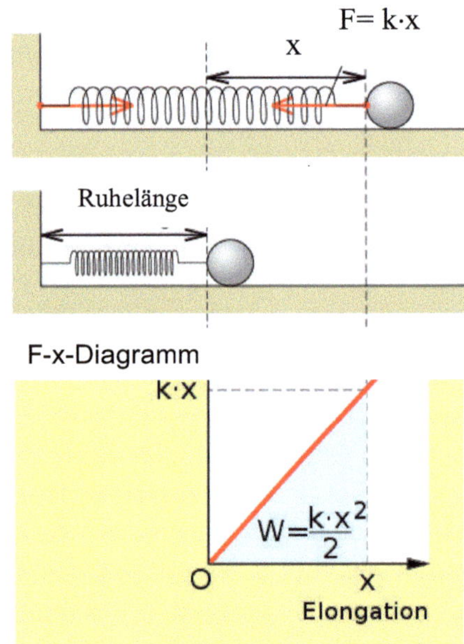

Bild 5.2 *Beispiel Arbeit beim Spannen einer Feder*

Beim Spannen einer Feder ergibt sich als Arbeit eine Dreiecksfläche.

Beispiel 3: Beschleunigungs- und Reibungsarbeit

Ein Auto mit einer Masse von 800 kg bescheunigt von 0 auf 70 km/h und fährt anschließend auf ebener Strecke 50 km. Die Rollreibungszahl zwischen Rädern und Straße beträgt $\mu = 0,05$. Wie groß sind Beschleunigungsarbeit und Reibungsarbeit?

$$W_B = \frac{1}{2}m\left(v^2 - v_0^2\right) = \frac{1}{2}\,800\,\text{kg}\cdot 19{,}44^2\,\frac{m^2}{s^2} = 151{,}2\,\text{kJ}$$

$$W_R = \mu\cdot m\cdot g\cdot s = 0{,}05\cdot 800\,\text{kg}\cdot 9{,}81\frac{m}{s^2}\cdot 50000\,m = 19{,}62\,\text{MJ}$$

Die Beschleunigungsarbeit beträgt 151,2 kJ und die Reibungsarbeit 19,62 MJ.

Ein Beispiel für Hubarbeit ist auf Seite 82 zu finden und ein Beispiel für Volumenarbeit auf Seite 121.

5.2 Energie

Wurde an einem Körper Arbeit verrichtet, schreiben wir diesem Körper eine **Energie** (engl. *energy*) (gespeicherte Arbeit) zu. Zu einem späteren Zeitpunkt kann diese Energie wieder zur Verrichtung von Arbeit verwendet werden. Eine einfache Definition von Energie lautet daher:

Energie ist gespeicherte Arbeit und Arbeit ist Energiedifferenz ($W = \Delta E$).

Da Energie gespeicherte Arbeit ist, müssen beide Größen die gleiche Einheit haben. Die SI-Einheit der Energie ist daher ebenfalls das *Joule* (J). Häufiger kommen wir aber in der Praxis mit der Einheit kWh in Berührung, da die Abrechnung unserer Heizenergie meist in kWh erfolgt.

$$1\ \text{kWh} = 1000\ \text{Wh} = 1000\ \text{W}\cdot 3600\ s = 3{,}6\cdot 10^6\,\text{J} = 3{,}6\,\text{MJ}$$

5.3 Energieerhaltungssatz

In einem abgeschlossenen System ist die Gesamtenergie immer konstant. Energie kann sich von einer Form in eine andere Form umwandeln. Energie kann weder zerstört noch erzeugt werden.

Was genau versteht man unter dem Begriff **abgeschlossenes System**? Unter einem physikalischen System versteht man einen gewählten Ausschnitt aus der Natur. In diesem Zusammenhang bedeutet „abgeschlossen", dass weder Energie über die Systemgrenze nach außen dringt, noch dass Energie von außerhalb des Systems in das System eindringt.

Manche Aufgaben lassen sich unter Nutzung des Energieerhaltungssatzes einfacher lösen als mit den Bewegungsgleichungen. Als Beispiel wollen wir die Geschwindigkeit eines Mädchens auf einer Wasserrutsche berechnen.

Beispiel 1 Mädchen auf der Wasserrutsche

Bild 5.3 *Mädchen auf einer Wasserrutsche*

Bei der Wasserrutsche ist der Verlust durch Reibung gering. Wir können die Reibung vernachlässigen. Zu Beginn des Rutschens befindet sich das Mädchen in Ruhe. Damit ist seine kinetische Energie Null. Der Endpunkt der Strecke liegt 7 m Meter unterhalb des Startpunktes. Daher hat das Mädchen am Ende der Strecke eine potenzielle Energie von

$$E_{pot} = m \cdot g \cdot h$$

verloren, die in Beschleunigungsarbeit umgewandelt wurde.

$$E_{kin} = E_{pot}$$

$$E_{kin} = \frac{m}{2} v^2$$

Stellen wir diese Gleichung nach v um, so erhalten wir:

$$v = \sqrt{\frac{2 \cdot E_{kin}}{m}} = \sqrt{\frac{2 \cdot m \cdot g \cdot h}{m}} = \sqrt{2 \cdot 9{,}81 \frac{m}{s^2} \cdot 7\,m} = 11{,}7 \frac{m}{s} = 42{,}2 \frac{km}{h}$$

Das Mädchen kommt mit einer Geschwindigkeit von 42,2 km/h im Wasser an.

Wir konnten die Aufgabe lösen, ohne überhaupt den genauen Verlauf der Strecke zu kennen.

Beispiel 2 Bungee-Sprung

Wir haben in Kapitel 4 schon einmal den Bungee-Sprung betrachtet. Der Energiesatz hilft uns noch weitere Fragestellungen zum Bungee-Sprung zu untersuchen. Als Beispiel wählen wir einen Sprung mit folgenden Daten:

1. Seillänge l = 25 m

2. Verlängerung des Seils 0,5 m pro 100 N.

3. Masse des Springers 75 kg

Fragen:

a) Wie groß ist die Federkonstante des Seils?

b) Wie tief hängt der Springer nach dem Sprung am Seil?

c) Wie tief liegt der tiefste Punkt, den der Springer während des Sprungs erreicht (h_1 in Bild 5.4)?

Die Luftreibung und die Größe des Springers wollen wir vernachlässigen.

Bei der Energieerhaltung müssen wir jetzt drei Energieformen betrachten: Die Spannenergie des Seiles, die potentielle und die kinetische Energie des Springers. Wir fertigen eine Prinzipskizze an, die die verschieden Höhen beim Bungee-Sprung in ihrem zeitlichen Ablauf beschreibt.

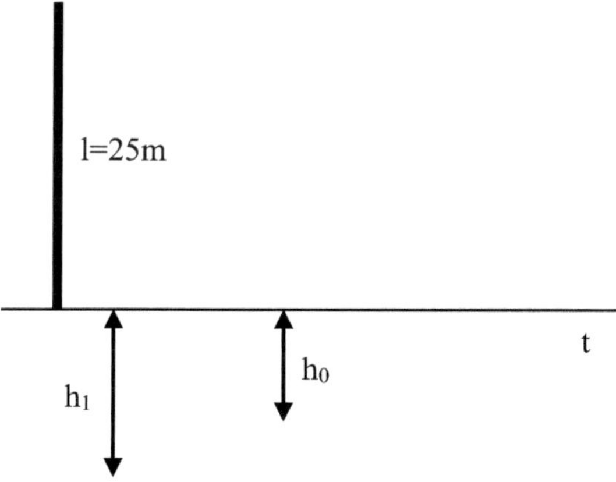

Bild 5.4 *Höhen beim Bungee-Sprung*

Die maximale Auslenkung h_1 des Seils tritt in der ersten Phase des Sprungs auf, anschließend wird der Springer nach oben beschleunigt. Nach dem Auspendeln des Seils erreicht er einen statischen Zustand mit der Höhe h_0, bei dem Gewichtskraft und Federkraft gleich groß sind.

a) Die Federkonstante k ergibt sich zu:

$$k = \frac{F}{x} = \frac{100\,N}{0,5\,m} = 200\,\frac{N}{m}$$

b) Am Ende des Sprungs stehen Gewichtskraft und Federkraft im Gleichgewicht. Wir setzen die Gewichtskraft gleich der Federkraft:

$$m\,g = k \cdot h_o$$

$$h_0 = \frac{m \cdot g}{k} = \frac{75\,kg \cdot 9,81\,\frac{m}{s^2}}{200\,\frac{N}{m}} = 3,68\,m$$

c) An der Stelle h_1 ist die kinetische Energie gleich Null.

$$E_{pot} = m \cdot g \cdot (1 + h_1) = \frac{1}{2} k \cdot h_1^2$$

$$\frac{1}{2} k \cdot h_1^2 - m \cdot g \cdot h_1 - m \cdot g \cdot 1 = 0$$

$$h_{11/2} = \frac{mg}{k} \pm \sqrt{\left(\frac{mg}{k}\right)^2 + \frac{2\,mg \cdot 1}{k}} =$$

$$h_{11/2} = \frac{75\,kg \cdot 9,81\,\frac{m}{s^2}}{200\,\frac{N}{m}} \pm \sqrt{\left(\frac{75\,kg \cdot 9,81\,\frac{m}{s^2}}{200\,\frac{N}{m}}\right)^2 + \frac{2 \cdot 75\,kg \cdot 9,81\,\frac{m}{s^2} \cdot 25\,m}{200\,\frac{N}{m}}}$$

$$h_{11} = 17,7\,m$$

$$h_{12} = -10,4\,m$$

Wir verwenden die positive Lösung. Die negative würde einer Stauchung des Seils entsprechen. Bei dem Seil ist eine Stauchung nicht möglich.

Es ergibt sich damit eine Gesamtlänge von

$$1 + h_1 = 25\,m + 17,7\,m = 42,7\,m.$$

Diese Länge muss bei der Planung der Bungee-Anlage berücksichtigt werden.

5.4 Leistung

Der physikalische Begriff der **Leistung** P (engl. *power*) ist definiert als die verrichtete Arbeit W pro Zeit.

$$P = \frac{W}{t}$$

Je kürzer die Zeit in der eine Arbeit verrichtet wurde, desto größer ist die Leistung.

Physikalische Leistung ist der Quotient aus zwei skalaren Größen und somit ebenfalls eine ungerichtete Größe.

$$[P] = [W]$$

Diese Einheit wird zu Ehren des schottischen Erfinders James Watt (1736–1819) ein Watt genannt. Ein Watt, durch Basiseinheiten ausgedrückt, lautet:

$$1\ W = 1\ Js^{-1} = 1\ Nm\ s^{-1} = 1\ kgm^2s^{-3}$$

Die Pferdestärke (PS) ist eine veraltete Einheit für die Leistung. Sie ist keine abgeleitete SI-Einheit. Obwohl sie veraltet ist, geben viele Menschen auch heute noch die Leistung von Motoren in PS an.

$$1\ PS\ = 735{,}5\ W$$

Eine Pferdestärke entspricht dem Anheben von 75 kg um einen Meter in einer Sekunde.

Bild 5.5 *Pferdestärke*

Ein Mensch kann durchaus kurzfristig eine Leistung über 1 PS vollbringen.

Beispiel

Welche Leistung vollbringt ein Lastenaufzug, wenn er 300 kg in 20 Sekunden in den 2. Stock befördert? (Bild 5.6.)

Bild 5.6 *Lastenaufzug*

Wir brauchen uns nicht um die Wegstrecke der Last zu kümmern. Für die Berechnung der abgegebenen Leistung ist nur die Höhe über dem Erdboden wichtig.

$$W = m \cdot g \cdot h = 300 \text{ kg} \cdot 9,81 \frac{m}{s^2} \cdot 4,90 \text{ m} = 14420,7 \text{ Nm} = 14,42 \text{ kNm}$$

$$P = \frac{W}{t} = \frac{14,4207 \text{ kNm}}{20 \text{ s}} = 721,0 \text{ W}$$

Die abgegebene Leistung des Aufzugs beträgt 721 W. Wir haben bei dieser Rechnung die Reibung des Schrägaufzugs vernachlässigt. Die Leistungsaufnahme des Lastensaufzugs ist größer als 721 W.

Wirkungsgrad

Unter Wirkungsgrad η versteht man das Verhältnis von abgegebener Energie E_{ab} zur zugeführten Energie E_{zu} oder von abgegebener Leistung P_{ab} zur zugeführten Leistung P_{zu}. Da bei allen Prozessen Verluste auftreten, ist der Wirkungsgrad immer kleiner als 1. Der Wirkungsgrad wird meist in Prozent angegeben.

$$\eta = \frac{E_{ab}}{E_{zu}} \cdot 100\% = \frac{P_{ab}}{P_{zu}} \cdot 100\%$$

5.5 Aufgaben zu Energie, Arbeit und Leistung

1.

Welche Formeln für mechanische Energie kennen Sie?

2.

Wie ist eine Kalorie definiert?

3.

Sie (m =70 kg) ersteigen einen Berg, der 1800 m hoch ist. Um wie viel hat sich ihre potentielle Energie erhöht?

4.

Wie viel Energie in J steckt in 1 kg Äpfeln? In der Nährwerttabelle finden Sie für 100 g Äpfel die Angabe 54 kcal.

5.

Im Prager Zoo ist ein Höhenunterschied von 40 m zu überwinden. Deshalb hat man eine Drahtseilbahn eingerichtet. Welche Leistung vollbringt diese Drahtseilbahn, wenn sie 25 Personen (a 75 kg) 40 m hoch in 2 Minuten befördert?

6.

Der Fahrstuhl des Prager Eiffelturmes befördert 6 Personen (Masse pro Person ca. 75 kg) in 1 Minute 60 m hoch. Welche Leistung vollbringt der Fahrstuhl?

7.

Ein Wagen der Achterbahn befindet sich zu Anfang auf der Höhe h_1. Er fährt ohne zusätzlichen Antrieb auf die Höhe h_2. Berechnen Sie die Geschwindigkeit des Achterbahn-Wagens auf der Höhe h_2 bei Vernachlässigung der Reibung.

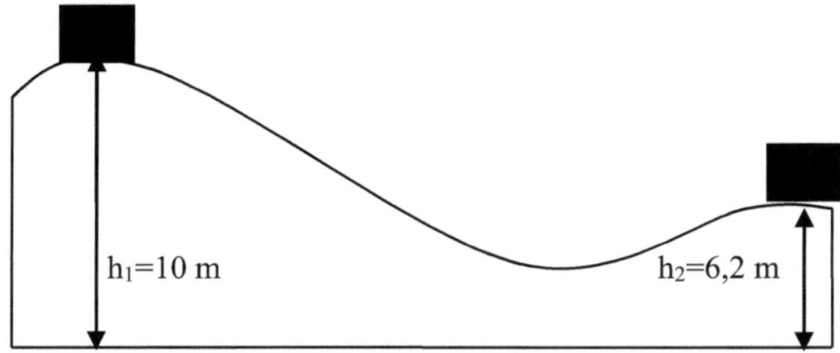

8.

Bei den Niagarafällen fällt das Wasser auf der kanadischen Seite etwa 50 m im freien Fall nach unten. Annie Taylor stürzte sich 1901 in einem Fass die Niagarafälle hinunter. Mit welcher Geschwindigkeit traf sie unten auf? Die Masse der Frau und des Fasses betrugen zusammen ca.150 kg.

9.

Die Höhe der Wasserrutsche beträgt 2,30 m. Mit welcher Geschwindigkeit kommen die Kinder am Ende der Rutsche an?

10.

Die Abbildung zeigt eine Bergbahn. Die Bergbahn hat einen Steigungswinkel von 14° und überwindet einen Höhenunterschied von 40 m.
Welche Arbeit leistet sie, wenn sie einen Wagen von 2300 kg hoch zieht?

11.

Eine ähnliche Bergbahn, die eine Höhe von 83 m überwindet, gibt es in Wiesbaden. Sie fährt seit 1888 mit Hilfe von Wassertanks von 7 m³, die sich an den Böden der beiden Wagen befinden. Die Wassertanks werden an der oberen Station befüllt und an der unteren geleert. Die Wagen der Bahn sind mit einem Seil, das über eine feste Rolle in der Bergstation läuft, miteinander verbunden.

Welche maximale Zuladung kann über die 438 m Gleise befördert werden, wenn die Wagen eine Masse von 7600 kg haben und ein Reibungskoeffizient von 0,012 angenommen wird?

12.

Eine Pumpe fördert pro Minute 820 l Wasser auf eine Höhe von 14 m.
a) Wie groß ist die Leistung der Pumpe?
b) Welche Leistung muss der Antriebsmotor der Pumpe aufbringen, wenn der Wirkungsgrad $\eta = 80\%$ beträgt?

13.

Sie ziehen eine Kiste von 60 kg auf einem Holzboden 20 m weit. Der Gleitreibungskoeffizient von Holz auf Holz beträgt $\mu_{GR} = 0,3$. Wie viel Energie wird dazu benötigt?

14.

Ein Schwimmbecken mit den Maßen 3m ·8m · 1m soll mit Sonnenenergie beheizt werden. Um die Energieverluste durch Wasserverdunstung und Wärmeabgabe auszugleichen, muss das Wasser täglich um 1°C erwärmt werden. Welche Fläche an Sonnenkollektoren ist erforderlich, wenn man von einer mittleren Einstrahlung von 5 kWh/m² und von einem Wirkungsgrad von 20 % ausgeht?

15.

Sie möchten die Aussicht auf dem Hochhaus auf dem Leipziger Augustusplatz genießen. Leider ist der Fahrstuhl außer Betrieb.

Sie (m=75 kg) steigen die 135 m hinauf.
a) Welche Arbeit leisten Sie?
b) Jemand hat es unter großer Anstrengung in 4 min 25 s geschafft. Wie groß war dessen mittlere Leistung?

6 Drehbewegung des starren Körpers

6.1 Winkelgeschwindigkeit und Bahngeschwindigkeit

Eine Drehbewegung (Rotationsbewegung) liegt vor, wenn sich ein starrer Körper um einen festen Bezugspunkt dreht. Im Gegensatz zur geradlinigen Bewegung legen bei einer Drehbewegung unterschiedliche Punkte eines Körpers unterschiedliche Wegstrecken zurück, wenn sie verschiedene Abstände zur Drehachse haben.

Der **Drehwinkel φ** ist eine geeignete Größe um die Bewegung des gesamten Körpers zu beschreiben. Den Drehwinkel können wir mit dem Gradmaß oder mit dem Bogenmaß (Radiant) beschreiben.

Dreht sich ein Körper gleichförmig um seine Achse, so ist der durchlaufene Winkel proportional zur verstrichenen Zeit. Der Proportionalitätsfaktor ω gibt den Winkel an, um den sich der starre Körper während einer Sekunde dreht. Er heißt **Winkelgeschwindigkeit.**

Die Winkelgeschwindigkeit ist ein Vektor. Die Richtung von ω fällt mit der Drehachse zusammen und kann mit der Korkenzieherregel bestimmt werden. Dreht man den Korkenzieher nach rechts, so schiebt sich die Spitze in den Korken.

Der Betrag der Winkelgeschwindigkeit kann auch mit Hilfe der Frequenz f (Zahl der Umdrehungen pro Sekunde) berechnet werden.

$$\omega = 2\pi \cdot f$$

Die Maßeinheit der Winkelgeschwindigkeit ist 1/s oder rad/s. ·

Die **Bahngeschwindigkeit v** eines Punktes des Körpers ist das Vektorprodukt aus der Winkelgeschwindigkeit und dem Abstand **r** von der Drehachse.

$$\mathbf{v} = \boldsymbol{\omega} \times \mathbf{r}$$

Beispiel

Die Abspielgeschwindigkeit von großen Langspielplatten beträgt 33 1/3 Umdrehungen pro Minute (rpm).

Mit welcher Geschwindigkeit wird außen (Radius 14 cm) und innen (Radius 7 cm) abgetastet?

Bild 6.1 *Zur Winkelgeschwindigkeit einer Schallplatte*

$$v_{\text{außen}} = 2\,\pi \cdot 33{,}33 \cdot \frac{1}{60}\frac{1}{s} \cdot 0{,}14\,\text{m} = 0{,}49\,\frac{\text{m}}{\text{s}}$$

$$v_{\text{innen}} = 2\,\pi \cdot 33{,}33 \cdot \frac{1}{60} \cdot \frac{1}{s} \cdot 0{,}07\,\text{m}\frac{1}{s} = 0{,}24\,\frac{\text{m}}{\text{s}}$$

Außen wird mit 0,49 m/s abgetastet, innen mit 0,24 m/s.

6.2 Drehmoment und Trägheitsmoment

Die **Bahnbeschleunigung α** (auch **Winkelbeschleunigung**) steht analog der Beschleunigung bei der linearen Bewegung mit der angreifenden Kraft (**Drehmoment M**) im Zusammenhang.

$$\alpha = \frac{1}{t}\,\omega$$

$$M = \alpha \cdot J$$

J ist dabei das **Trägheitsmoment**, das in Analogie zur Masse bei der linearen Bewegung steht.

Beispiel

Ein Kreissägeblatt (Durchmesser 30 cm) dreht sich 3000 mal pro Minute um die eigene Achse. Nach dem Abschalten des Motors kommt das Blatt nach 1 s zum Stillstand.

Wie viele Umdrehungen finden pro Sekunde statt?
Wie groß ist die Winkelgeschwindigkeit des Blattes?
Wie groß ist die Winkelbeschleunigung?
Mit welcher Geschwindigkeit sägen sich die Zähne in das Holz?

$$f = \frac{3000}{\text{min}} = \frac{50}{\text{s}}$$

Die Winkelgeschwindigkeit beträgt:

$$\omega = 2\,\pi\cdot f = \frac{2\,\pi\cdot 50}{\text{s}} = 314{,}15\,\frac{\text{rad}}{\text{s}}$$

Die mittlere Winkelbeschleunigung ergibt sich zu:

$$\alpha = \frac{\omega}{t} = \frac{314{,}5\,\text{rad}}{\text{s}^2}$$

Die Tangentialgeschwindigkeit, bzw. die Schnittgeschwindigkeit beträgt

$$v = r\,\omega = 0{,}15\,\text{m}\;314{,}15\,\text{rad/s} = 47{,}1\,\text{m/s}$$

Das **Drehmoment M** ist das Vektorprodukt aus Radius **r** und Kraft **F**.

$$\mathbf{M} = \mathbf{r} \times \mathbf{F}$$

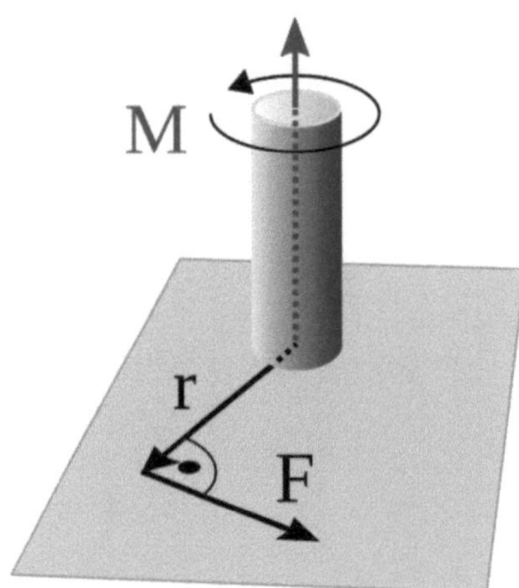

Bild 6.2 *Drehmoment*

Die Einheit des Drehmoments ergibt sich zu:

$$[M] = [F] \cdot [r] = \text{N} \cdot \text{m}$$

Die Einheit „Newton Meter" hat keinen eigenen Namen.

Das Drehmoment kann in zwei Kraftkomponenten zerlegt werden. Die Wirklinie der Kraftkomponente $F_{/\!/}$ geht durch den Drehpunkt. Diese Komponente übt zwar Kraft auf die Drehachse aus, bewirkt aber keine Drehung.

Im Unterschied dazu ist die Kraftkomponente $F_\perp$ für die Drehung des starren Körpers zuständig. Schließen r und F den Winkel α ein gilt:

$$M = r \cdot F_\perp = r \cdot F \cdot \sin \alpha$$

Je Nach Richtung der angreifenden Kraft ergibt sich eine rechtsdrehende oder linksdrehende Wirkung.

- positives Vorzeichen: Linksdrehung („gegen den Uhrzeigersinn")

- negatives Vorzeichen: Rechtsdrehung („im Uhrzeigersinn")

Wirken mehrere Drehmomente M_1, M_2, M_3,…auf einen drehbar gelagerten Körper, dann ist das Gesamtdrehmoment die Summe der einzelnen Drehmomente:

$$M_{ges} = M_1 + M_2 + M_3 + … = \sum M$$

Das Vorzeichen des Gesamtdrehmoments entscheidet, ob sich der Körper unter dem Einfluss der Drehmomente nach links oder rechts dreht. Die Richtung des Drehmoment-Vektors kann man mit der Korkenzieherregel ermitteln.

Greift an einem drehbar gelagerten Körper ein Drehmoment an, so bewirkt dies eine Winkelbeschleunigung α. Die Trägheit, welche der starre Körper der Winkelbeschleunigung entgegensetzt, wird durch sein **Trägheitsmoment J** beschrieben.

$$J = \frac{M}{\alpha}$$

Für Körper, bei denen die Massepunkte unterschiedliche Abstände von der Drehachse haben, berechnet sich das Trägheitsmoment durch Integration aller Einzelträgheitsmomente.

$$J = \int r^2 dm$$

Das Trägheitsmoment eines Körpers ist eine von seiner Achse abhängige skalare Größe. Für die Drehbewegung ist das Trägheitsmoment das, was für die geradlinige Bewegung die Masse ist.

Trägheitsmomente sind meistens für Drehachsen durch den Massenmittelpunkt tabelliert. Die folgende Tabelle zeigt einige Trägheitsmomente.

Tabelle Trägheitsmomente

Körperform	Trägheitsmoment
Massepunkt m im Abstand r von der Drehachse	$J = m \cdot r^2$
Vollzylinder, Masse m, Radius r, Längsachse ist Drehachse	$J = \dfrac{1}{2} m \cdot r^2$
Hohlzylinder, Masse m, Außenradius R, Innenradius r, Längsachse ist Drehachse	$J = \dfrac{1}{2} m \cdot \left(R^2 + r^2\right)$
Vollkugel, Drehachse durch den Kugelmittelpunkt	$J = \dfrac{2}{5} m \cdot r^2$

Der **Steinersche Satz** dient der Berechnung des Trägheitsmomentes eines starren Körpers für parallel verschobene Drehachsen. Der Satz geht auf Untersuchungen von Jakob Steiner und Christian Huygens zurück.

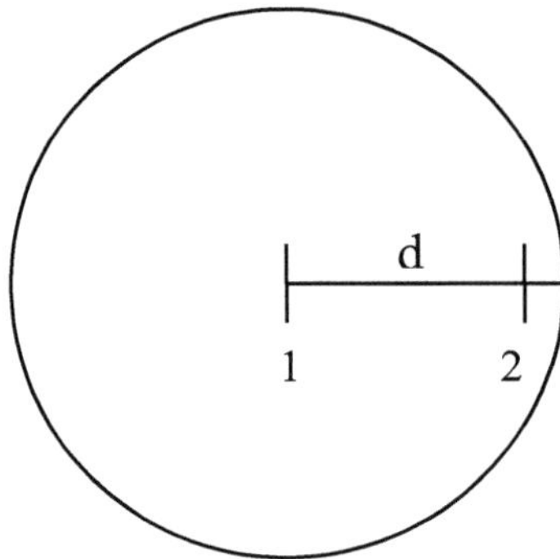

Bild 6.3 *Illustration des Steinerschen Satzes*

Ist das Trägheitsmoment einer Drehachse 1 durch den Schwerpunkt (Massenmittelpunkt) bekannt, so kann mit dem Steinerschen Satz das Trägheitsmoment für alle Drehachsen, die parallel zu dieser sind, berechnet werden.

Für das Trägheitsmoment für eine zu Drehachse 1 parallele Drehachse 2 gilt:

$$J_2 = J_1 + m \cdot d^2$$

Dabei ist d der Abstand der beiden Achsen und m die Masse des Körpers.

Das Trägheitsmoment eines Körpers ist dann am geringsten, wenn die Drehachse durch den Schwerpunkt geht. Der Steinersche Anteil ist stets positiv.

6.3 Drehimpuls und Drehimpulserhaltungssatz

Der Drehimpuls **L** ist das Produkt aus dem Trägheitsmoment J und der Winkelgeschwindigkeit ω. Es gilt:

$$L = J \cdot \omega$$

Der Drehimpuls hat die gleiche Richtung wie die Winkelgeschwindigkeit.

Analog zum Impulserhaltungssatz bei der Translation gilt für die Rotation ein **Drehimpulserhaltungssatz**. Er besagt, dass in einem abgeschlossenen System die Summe der Drehimpulse konstant ist.

Dafür gibt es einige bekannte Beispiele:

Der **Eiskunstläufer,** der eine Pirouette ausführt, dreht sich langsamer, wenn er die Arme nach außen steckt und dreht schneller, wenn er Arme und Beine nahe an den Körper, zur Drehachse bringt. Sind die Massen der Arme weit von der Drehachse entfernt, dann ist das Trägheitsmoment groß, sind die Massen von Armen und Beinen näher zur Drehachse, so verringert sich das Trägheitsmoment. Da das Produkt aus Trägheitsmoment und Winkelgeschwindigkeit aber gleich bleiben muss, erhöht sich die Winkelgeschwindigkeit, wenn sich das Trägheitsmoment verkleinert.

Ein weiteres Beispiel ist der Fahrstrahl eines Planeten (**2. Keplersches Gesetz**). Ein Planet, der sich auf einer Ellipsenbahn um die Sonne bewegt ist umso schneller, je näher er der Sonne ist. Kepler formulierte: Der Fahrstrahl eines Planeten überstreicht in gleichen Zeiten gleiche Flächen.

Beispiel Kollaps eines Neutronensterns

Ein Neutronenstern stellt das Ende der Sternentwicklung eines Sterns von etwa 2-facher Sonnenmasse dar. Er dreht sich in 90 Tagen einmal um seine Achse und hat etwa den Radius von $r_{Stern}= 1{,}0 \cdot 10^9$ m.

Wenn die Kernfusion erloschen ist kollabiert er auf Grund der dann überwiegenden Gravitationskräfte zu einem wesentlich kleineren Neutronenstern, der mit sehr großer Winkelgeschwindigkeit rotiert. Die Rotationsfrequenz beträgt kurz nach dem Kollaps etwa 500 Umdrehungen pro Sekunde. Unter der vereinfachten Annahme, dass sowohl Ursprungsstern als auch Neutronenstern homogene Kugeln sind, wollen wir mit Hilfe des Drehimpulserhaltungssatzes die ungefähre Größe des Neutronensterns nach dem Kollaps berechnen.

$$L_1 = L_2$$

$$J_1 \cdot \omega_1 = J_2 \cdot \omega_2$$

$$\frac{2}{5} m_1 \cdot r_1^2 \cdot \frac{2\pi}{T_1} = \frac{2}{5} m_2 \cdot r_2^2 \cdot \frac{2\pi}{T_2}$$

$$r_2 = r_1 \sqrt{\frac{T_2}{T_1}} = 1{,}0 \cdot 10^9 \, \text{m} \sqrt{\frac{\frac{1}{500}\,\text{s}}{90 \cdot 24 \cdot 3600\,\text{s}}} = 16 \ \text{km}$$

Der kollabierte Stern hat nur noch einen Radius von 16 km.

6.4 Rotationsenergie - Rollkörper auf schiefer Ebene

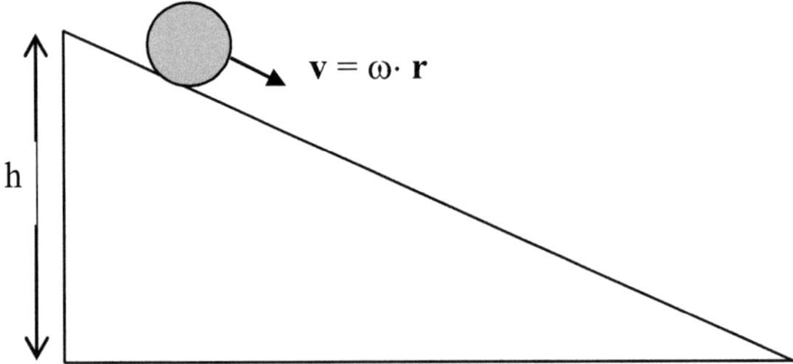

Bild 6.4 *Kugel rollt auf schiefer Ebene*

Bei Start der Kugel am oberen Ende der schiefen Ebene hat die Kugel nur die potentielle Energie E_{pot}.

$$E_{pot} = m \cdot g \cdot h$$

Die kinetische Energie der Kugel setzt sich aus translatorischer Energie und **Rotationsenergie** zusammen.

$$E_{kin} = \frac{1}{2} mv^2 + \frac{1}{2} J \cdot \omega^2$$

$$E_{kin} = \frac{1}{2} mv^2 + \frac{1}{2} J \cdot \left(\frac{v}{r}\right)^2$$

Wir setzten das Trägheitsmoment der Kugel ein.

92

$$J = \frac{2}{5} m \cdot r^2$$

Damit ergibt sich für die kinetische Energie:

$$E_{kin} = \frac{1}{2} mv^2 + \frac{1}{2}\frac{2}{5} m \cdot r^2 \cdot \left(\frac{v}{r}\right)^2 = \frac{1}{2} mv^2 \left(1 + \frac{2}{5}\right)$$

Am Ende der schiefen Ebene hat die Kugel die maximale Geschwindigkeit v_{max} und die potentielle Energie ist vollständig in kinetische überführt.

$$m \cdot g \cdot h = \frac{1}{2} v_{max}^2 m \left(1 + \frac{2}{5}\right)$$

Wir stellen die Gleichung nach v_{max} um:

$$v_{max} = \sqrt{\frac{10}{7} g \cdot h}$$

Die maximale Geschwindigkeit, die die Kugel erreicht, ist nur von der Höhe abhängig und nicht von der Steigung der Ebene oder dem Radius der Kugel.

Beispiel

Welche maximale Geschwindigkeit erreicht eine Kugel, wenn die Höhe der Schiefen Ebene 1 m, 2 m und 10 m beträgt?

$$v_{max}(1\,\text{m}) = \sqrt{\frac{10}{7} g \cdot h} = \sqrt{\frac{10}{7} \, 9{,}81 \frac{m}{s^2} \cdot 1\,\text{m}} = 3{,}74 \frac{m}{s}$$

$$v_{max}(2\,\text{m}) = 5{,}29 \frac{m}{s}$$

$$v_{max}(10\,\text{m}) = 11{,}84 \frac{m}{s}$$

Die maximalen Geschwindigkeiten, die am Ende der schiefen Ebene vorliegen sind 3,74 m/s, 5,29 m/s bzw. 11,84 m/s.

6.5 Die Radialkraft (Zentripedalkraft)

In einem **Inertialsystem** befindet sich jedes Objekt, auf das keine Kraft einwirkt, in Ruhe oder gleichförmiger Bewegung. Wenn sich ein Körper auf einer Kreisbahn bewegt, muss auf ihn ständig eine Kraft einwirken, sonst würde er sich nur geradlinig gleichförmig bewegen oder in Ruhe sein.

Beobachtet man einen Hammerwerfer, so sieht man am straff gespannten Seil, das eine Kraft auf den bewegten Körper wirkt, die zum Zentrum des Kreises gerichtet ist, die **Radialkraft (Zentripedalkraft)**.

Der Betrag der **Radialkraft** ergibt sich nach dem 2. Newtonschen Gesetz zu:

$$F_r = m \frac{v^2}{r} = m \cdot \omega^2 \cdot r$$

Weiterhin beobachten wir, wenn wir uns im **rotierenden Bezugssystem** befinden, **Trägheitskräfte**. So nimmt man in einem Karussell eine nach außen gerichtete **Zentrifugalkraft** wahr. **Bewegt man sich im rotierendem System**, läuft z. B. auf einer waagrechten Scheibe, die sich entgegen dem Uhrzeigersinn dreht, dann erfährt man eine Ablenkung von der Drehachse zum Rand der Scheibe nach rechts. Hier wirkt die **Coroliskraft**. Diese bewirkt auf der Nordhalbkugel der Erde eine Ablenkung aller Winde nach rechts.

Beispiel 1

Ein Körper mit der Masse m = 100 g wird an einem 1 m langen Faden in der Sekunde zweimal im Kreis herumgeschleudert. Wie groß ist die wirkende Radialkraft? In welcher Richtung würde sich der Körper bewegen, wenn der Faden plötzlich reißt?

Zunächst berechnen wir die Winkelgeschwindigkeit.

$$\omega = 2 \cdot \pi \cdot f = 2 \cdot \pi \cdot 2\,s^{-1} \approx 12{,}6\,s^{-1}$$

$$F_r = m \cdot \omega^2 \cdot r = 0{,}1\,kg \cdot 12{,}6^2 s^{-2} \cdot 1\,m = 15{,}8\,N$$

Die Radialkraft beträgt 15,8 N.

Wenn der Faden reißt, bewegt sich der Körper infolge seiner Trägheit auf einer Bahntangente weiter.

Beispiel 2 Person in einem beschleunigten Aufzug auf einer Waage

Stellt sich eine Person in einem Fahrstuhl auf eine Waage, so beobachtet sie bei der Fahrt nach oben, dass das Gewicht beim Anfahren des Fahrstuhls zunimmt und beim Abbremsen abnimmt.

Auch wenn eine moderne Waage das Messergebnis in der Einheit Kilogramm anzeigt, ist sie ein Kraftmesser mit einer Federkonstanten, der die Kraft misst, mit welcher ein aufgelegter Körper auf die Waage wirkt. Die Waage zeigt beim der Fahrt nach oben beim Anfahren und bei der Fahrt nach unten beim Abbremsen ein höheres Gewicht an als beim Stillstand oder bei der Bewegung des Fahrstuhls mit konstanter Geschwindigkeit. Die Person wird, wenn die Beschleunigung des Fahrstuhls nach oben gerichtet ist, durch die Trägheitskraft auf die Waage gedrückt. Die Gewichtskraft beträgt in diesen Fällen:

$$F_{G_{oben}} = m \cdot (g + a).$$

Dabei ist a die Beschleunigung des Fahrstuhls. Die Gewichtskraft beim Anfahren bei der Fahrt nach unten und beim Abbremsen der Fahrt nach oben beträgt:

$$F_{G_{unten}} = m \cdot (g - a)$$

In der folgenden Tabelle stellen wir die Größen noch einmal zusammen, die die Translation und die Rotation eines starren Körpers beschreiben:

Tabelle Gegenüberstellung Translation − Rotation

Translation		**Rotation**	
Weg	s	Winkel	φ
Geschwindigkeit	$v = \dot{s}$	Winkelgeschwindigkeit	$\omega = \dot{\varphi}$
Beschleunigung	$a = \dot{v} = \ddot{s}$	Winkelbeschleunigung	$\alpha = \dot{\omega} = \ddot{\varphi}$
Masse	m	Trägheitsmoment	J
Impuls	$p = m \cdot v$	Drehimpuls	$L = J \cdot \omega$
Kraft	$F = \dot{p}$	Drehmoment	$M = \dot{L}$
Translationsenergie	$E_{kin} = \dfrac{m \cdot v^2}{2}$	Rotationsenergie	$E_{rot} = \dfrac{m \cdot \omega^2}{2}$

6.6 Aufgaben zur Kreisbewegung

1.

Ein Vollzylinder, eine Kugel und ein Hohlzylinder mit gleichem Radius und gleicher Masse werden gleichzeitig an einer schiefen Ebene losgelassen und rollen diese hinunter. In welcher Reihenfolge erreichen die drei Körper das Ende der schiefen Ebene?

2.

Ein Jo-Jo besteht aus zwei Kreisscheiben, die durch einen Mittelsteg verbunden sind. Auf dem Mittelsteg ist eine Schnur aufgewickelt. Hält man das Schnurende fest und lässt das Jo-Jo fallen, so dreht es sich beim Herunterrollen, da sich die Schnur abwickeln muss. Ist die Schnur zu Ende, setzt es die Drehbewegung fort und steigt wieder an der Schnur hoch.
a) Welche Energieumwandlungen finden beim Jo-Jo statt?
b) Warum kann man durch geschicktes Ziehen an der Schnur die Reibungsverluste ausgleichen?

3.

Eine Turbine erreicht bei gleichmäßiger Beschleunigung zwei Minuten nach dem Anlauf eine Drehzahl von 8000 Umdrehungen pro Minute.
a) Mit welcher Winkelgeschwindigkeit läuft die Turbine?
b) Welche Winkelbeschleunigung besaß die Turbine während der Anlaufzeit?

4.

Die Spindel einer Drehmaschine hat eine Drehfrequenz von 96 min^{-1}.
a) Wie groß ist die Winkelgeschwindigkeit?
b) Für die Bearbeitung von Grauguss ist eine Schnittgeschwindigkeit von 25 m/min zulässig. Bei welchem größten Durchmesser des Werkstücks wird diese eingehalten?

5.

Ein Elektromotor erreicht nach 4 s Anlaufzeit eine Drehzahl von 2400 min^{-1}. Wie groß ist die Winkelbeschleunigung seiner Welle, wenn während dieser Zeit gleichmäßige Beschleunigung angenommen wird?

6.

Eine Kugel und ein Vollzylinder mit gleicher Masse und gleichem Durchmesser starten an Punkt A aus einer Höhe von 1,0 m aus der Ruhelage. Berechnen Sie die Geschwindigkeit im Punkt B bei Vernachlässigung der Reibung.

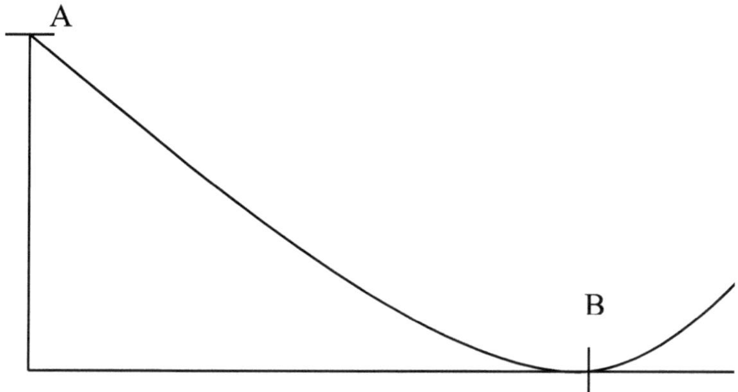

7.

Eine handelsübliche CD hat einen Durchmesser von 12 cm und eine Masse von 16,0 g. Die Informationen werden vom Lesekopf von innen nach außen ausgelesen. Für ein fehlerfreies Lesen der am weitesten innen liegenden Systemspur wird die CD aus der Ruhe innerhalb von 9,2 s auf eine Drehzahl von 2000 min^{-1} gleichmäßig beschleunigt.

a) Berechnen Sie die notwendige Winkelbeschleunigung der CD.

b) Bestimmen Sie das Drehmoment, dass der Motor in der Anlaufphase aufbringen muss. Betrachten Sie dazu die CD als Hohlzylinder mit einem Innendurchmesser von 15,0 mm.

7 Schwingungen

7.1 Grundbegriffe der Schwingungslehre

Als Schwingung (engl. oscillation oder vibration) wird jede periodisch wiederkehrende Bewegung bezeichnet.

Bild 7.1 *Schwingungen*

Ein **Oszillator** ist eine andere Bezeichnung für einen schwingungsfähigen Körper. Die Ruhelage oder Gleichgewichtslage bezeichnet den Ort, an dem sich der Oszillator befindet, wenn er keine Schwingung ausführt. Die rücktreibende Kraft bezeichnet die Kraft, die den Körper immer wieder in die Gleichgewichtslage zurückkehren lässt.

Die **Elongation** y ist die momentane Auslenkung aus der Ruhelage. Sie kann positiv oder negativ sein. **Amplitude** A bezeichnet die maximale Elongation.

Die **Periodendauer** T ist die Dauer für eine vollständige Schwingung – bis sich die Bewegung des Oszillators wiederholt. Die Periodendauer ist eine Zeitspanne. Die Einheit ist die Sekunde.

Frequenz f bezeichnet die Anzahl der Schwingungen pro Sekunde. Die Einheit ist 1 Hz = 1/s. Sie ist der Kehrwert der Periodendauer.

7.2 Arten von Schwingungen

Das Kennzeichen einer harmonischen Schwingung ist ein sinus- bzw. kosinusförmiges Orts-Zeit-Diagramm.

Entsprechend lautet die Funktion für den zeitlichen Verlauf der Elongation y(t)

$$y(t) = A \cdot \sin(\omega \cdot t)$$

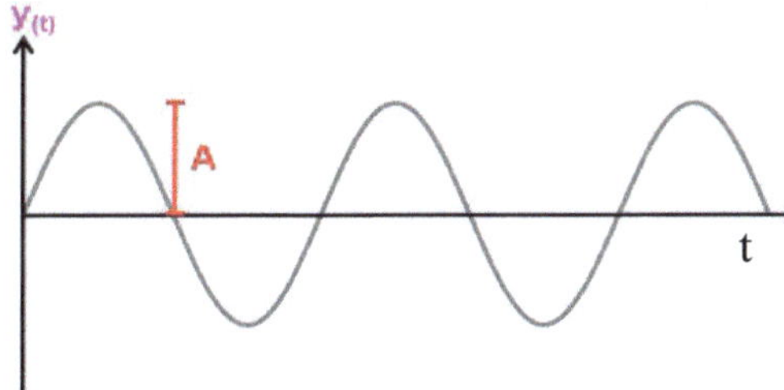

Bild 7.2 *Harmonische Schwingungen*

Für jede harmonische Schwingung gilt:

Die Beschleunigung a ist proportional zur Elongation y.

$$a = -\omega^2 \cdot y$$

Die Größe ω, hat in der Rotation die Bedeutung der *Winkelgeschwindigkeit*.

In der Schwingungslehre heißt sie Kreisfrequenz (engl. *angular frequency*).

Einmal angestoßen, schwingt jeder Oszillator immer mit derselben Frequenz. Diese Frequenz wird als **Eigenfrequenz** ω_0 bezeichnet.

In der Natur kommen aber nur gedämpfte Schwingungen vor, das heißt die Elongation wird immer schwächer, wenn keine neue Energie zugeführt wird.

Führt man Energie mit einer Anregerfrequenz zu, so ergibt sich eine **erzwungene Schwingung.**

Das Phänomen, dass sich die Amplitude eines angeregten Oszillators nahe der Eigenfrequenz aufschaukelt, wird **Resonanz** (engl. *resonance*) genannt. Tritt Resonanz auf, kann es sogar zur Zerstörung des Systems führen.

7.3 Der Federschwinger

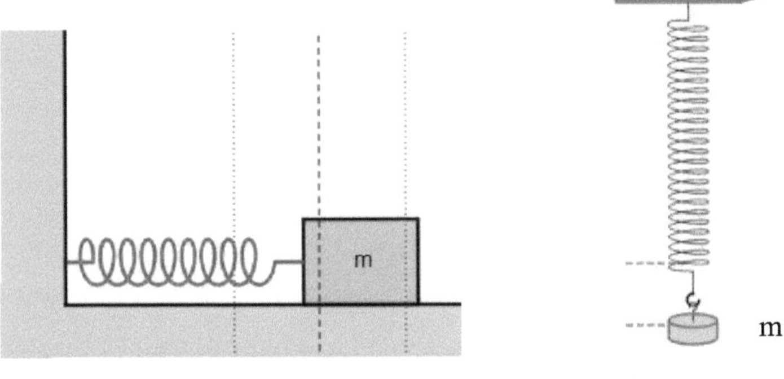

Bild 7.3 *Waagrechter und senkrechter Federschwinger*

Das Federschwinger besitzt im Wesentlichen zwei Energiebeiträge: Kinetische Energie E_{kin} der Masse und die Spannenergie E_{spann} der Feder.

Die Gesamtenergie ist die Summe der beiden Energiebeiträge:

$$E_{ges} = E_{kin} + E_{spann}$$

Die rücktreibende Kraft stammt von der Kraft der Schraubenfeder, die durch das Hookesche Gesetz beschrieben wird. Die darin vorkommende Federkonstante k ist ein Maß für die Festigkeit der Schraubenfeder.

Während die Gesamtenergie (Summe der Energiebeiträge) immer konstant ist, wechseln sich kinetische Energie und Spannenergie periodisch ab. Bewegt sich der Oszillator durch die Ruhelage, ist die Spannenergie null, seine Geschwindigkeit aber am größten und damit auch seine kinetische Energie. An den Umkehrpunkten der Bewegung sind Geschwindigkeit und die kinetische Energie null. Dort ist die Feder maximal gespannt (oder gestaucht) und somit die Spannenergie maximal. Beim **senkrechten** Federschwinger bewirkt die Gewichtskraft eine zusätzliche Auslenkung der Feder, die die Gleichgewichtslage nach unten verschiebt. Die Gleichungen gelten für beide Federschwinger.

$$E_{ges} = \frac{1}{2} m \cdot v^2 + \frac{1}{2} k \cdot y^2$$

Wirken keine Reibungskräfte auf das System, bleibt die Gesamtenergie erhalten.

Die Gleichungen für Elongation und Geschwindigkeit lauten:

$$y(t) = A \cdot \sin(\omega \cdot t) \qquad \text{(Weg-Zeit-Gesetz)}$$

$$v_y(t) = \omega \cdot A \cdot \cos(\omega \cdot t) \qquad \text{(Geschwindigkeits-Zeit-Gesetz)}$$

$$a_y(t) = -\omega^2 \cdot A \cdot \sin(\omega \cdot t) \qquad \text{(Beschleunigungs-Zeit-Gesetz)}$$

Setzen wir diese drei Beziehungen in das dynamische Grundgesetz

$$F_y = m \cdot a = -k \cdot y$$

ein, so erhalten wir

$$-m \cdot \omega^2 \cdot A \cdot \sin(\omega \cdot t) = -k \cdot A \cdot \sin(\omega \cdot t)$$

$$m \cdot \omega^2 = k$$

$$\omega = \sqrt{\frac{k}{m}}$$

$$\frac{1}{\omega} = \sqrt{\frac{m}{k}} = \frac{1}{2\pi \cdot f}$$

Die Schwingungsdauer ergibt sich damit zu:

$$T = 2\pi \sqrt{\frac{m}{k}}$$

Beispiel

An einer Feder ($k = 10$ N/m) hängt ein Körper mit einer Masse von 400 g. Die Masse wird um 10 cm nach unten aus der Gleichgewichtslage gezogen und dann losgelassen.

Wie lange dauert eine Schwingung?

$$T = 2\pi\sqrt{\frac{m}{k}} = 2\pi\sqrt{\frac{0,4\,\text{kg}}{10\,\text{N}}} = 1,26\,\text{s}$$

Die Schwingung dauert 1,26 s.

7.4. Das Fadenpendel

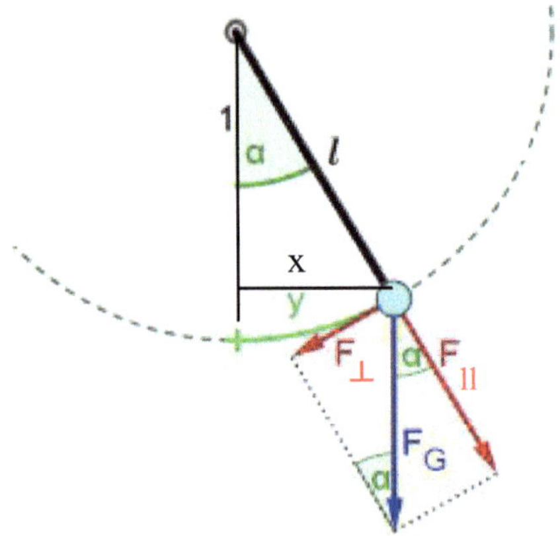

Bild 7.4 *Kräfte am Fadenpendel*

Hängt ein Massestück m an einem (massenlosen) Faden der Länge l, so spricht man von einem Fadenpendel oder mathematischem Pendel. Dabei wird so getan, als ob die gesamte Masse des Pendelkörpers in einem Punkt konzentriert wäre und Lager- und Luftreibung werden vernachlässigt.

Für die rücktreibende Kraft ist die Gewichtskraft verantwortlich. Für kleine Amplituden verhält sich ein Fadenpendel annähernd wie ein harmonischer Oszillator. Bild 7.4 zeigt die Kräfte, die bei einem Fadenpendel auftreten. Die Gewichtskraft F_G kann in zwei Teilkräfte zerlegt werden, entlang des Fadens und senkrecht dazu. Die Kraft F_{II} sorgt dafür, dass der Faden gespannt bleibt und spielt für die Bewegung des Fadenpendels keine Rolle. Die Teilkraft $F_\perp$ ist die Rückstellkraft der Schwingung.

Als Elongation wählen wir die von der Ruhelage abweichende Bogenlänge. Näherungsweise kann die Bogenlänge für kleine Auslenkungen durch x ersetzt werden. Ist das Fadenpendel um den Winkel α aus der Gleichgewichtslage ausgelenkt, ergibt sich für die Rückstellkraft

$$F_\perp = F_G \cdot \sin \alpha = m \cdot g \, \frac{x}{l} = m \cdot a$$

Durch eine Umformung analog zum Federschwinger erhalten wir für die Schwingungsdauer:

$$T = 2\pi \sqrt{\frac{l}{g}}$$

Die Schwingungsdauer ist nur von der Länge des Pendels abhängig und von der Erdbeschleunigung.

Beispiel

Die Last am Seil eines Körpers schwingt mit einer Amplitude von 1,1 Meter und einer Schwingungsdauer von 4,8 Sekunden.

Berechnen Sie die Länge des Seils. Wie weit ist der Körper nach 0,5 Sekunden von der Gleichgewichtslage entfernt?

$$T = 2\pi \sqrt{\frac{l}{g}}$$

$$l = \frac{T^2 \cdot g}{4 \cdot \pi^2} = \frac{4,8^2 \, s^2 \cdot 9,81 \, m}{4 \cdot \pi^2 \cdot s^2} = 5,73 \text{ m}$$

$$\omega = \frac{2\pi}{T} = 1,31 \frac{1}{s}$$

$$s = A \cdot \sin \omega t = 1,1 \text{ m} \sin \left(1,31 \frac{1}{s} \, 0,5 \, s\right) = 1,1 \text{ m} \cdot 0,609 = 0,67 \text{ m}$$

Das Seil hat eine Länge von 5,73 m. Nach 0,5 s ist der Körper 0,67 m von der Gleichgewichtslage entfernt.

7.5. Aufgaben Schwingungen

1.

Da die Periodendauer eines Fadenpendels nur von der Länge des Fadens und dem Ortsfaktor abhängen, kann man ein Fadenpendel mit bekannter Länge als einfaches Messgerät für die Bestimmung der Fallbeschleunigung verwenden. Ein Astronaut auf dem Mars misst bei einem Fadenpendel mit der Fadenlänge l = 70 cm (bei kleiner Amplitude) eine Periodendauer von T = 2,74 s. Wie groß ist die Fallbeschleunigung am Ort des Astronauten?

2.

Bei einem Versuch zur Bestimmung der Erdbeschleunigung mit einem Fadenpendel wird bei einer Fadenlänge von 8,1 m für 5 Schwingungen eine Zeit von 28,6 s gemessen. Wie groß ist die ermittelte Erdbeschleunigung?

3.

Der an einer Schraubenfeder (k = 2,5 N/m) schwingende Körper (100 g) hat eine Amplitude von 13 cm. Wie groß sind die Schwingungsdauer und die maximale Geschwindigkeit in der Gleichgewichtslage?

4.

Ein Fadenpendel hat eine Amplitude y_{max} = 5 cm und eine Periodendauer von T = 0,11 s.
a) Berechnen Sie die Frequenz und die Kreisfrequenz.
b) Welche Elongation hat das Pendel für t = 2,35 s?

5.

An einer Feder (k = 5 N/m) hängt ein Körper mit 200 g Masse.

a) Um wie viel wird die Feder durch die angehängte Masse ausgedehnt?

Die Masse wird nun um 10 cm aus der Gleichgewichtslage nach unten gezogen und dann losgelassen.

b) Wie lange dauert eine Schwingung?

c) Geben Sie die Bewegungsgleichungen s(t) und v(t) an.

d) Wie viele Sekunden nach dem Start ist der Körper das erste Mal 4 cm oberhalb der Gleichgewichtslage und welche Geschwindigkeit hat er dort?

e) Berechnen Sie die größte und die kleinste Kraft, die an der Feder zieht.

8 Thermodynamik

8.1 Temperaturskalen, Temperaturmessung und Wärmedehnung

Instrumente für die Temperaturmessung heißen **Thermometer**. Die meisten Thermometer nutzen die Wärmedehnung einer Flüssigkeit zur Anzeige der Temperatur.

Temperaturen werden in °C (Grad Celsius) oder K (Kelvin) angegeben. Mit ϑ (Theta) bezeichnet man Temperaturen in °C, mit T Temperaturen in K. Temperaturunterschiede werden bei Berechnungen immer in K angegeben, wobei als Formelzeichen außer ΔT auch $\Delta\vartheta$ üblich ist.

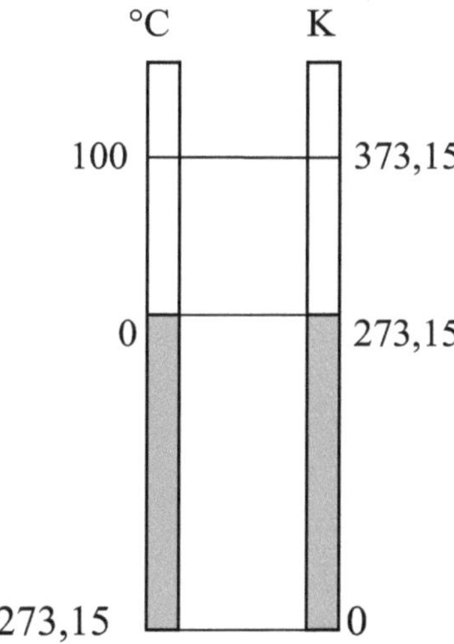

Bild 8.1 *Vergleich Celsius- und Kelvin-Skala*

Die Einteilung beider Temperaturskalen ist gleich, d. h. der Temperaturunterschied von 1°C entspricht 1 K. Die Temperaturskalen unterscheiden sich nur in Bezug auf den Nullpunkt.

Während die Kelvinskala am absoluten Nullpunkt beginnt und damit nur positive Werte hat, liegt der Nullpunkt der Celsiusskala beim Schmelzpunkt des Eises.

0°C entsprechen 273,15 K. Diese heute gültige Definition des Grad Celsius auf der Basis der Temperatur in Kelvin wurde 1954 eingeführt.

Historisch wurde der Siedepunkt des Wassers bei Normaldruck als 100°C festgelegt. Der Abstand zwischen dem Eispunkt und dem Siedepunkt des Wassers auf der Thermometerskala eines Quecksilberthermometers wurde in 100 gleiche Teile geteilt. Auf diese Weise wurde die Längenänderung für ein Grad ermittelt, die dann auch im negativen Temperaturbereich und im Bereich über 100°C zur Fortsetzung der Skala genutzt wurde.

In Amerika wird zur Temperaturmessung die Einheit Fahrenheit verwendet. Fixpunkte der Fahrenheitskala sind der Gefrierpunkt (32°F) und der Siedepunkt des Wassers (212°F). Damit ergibt sich folgende Umrechnungsformel für die Umrechnung von Fahrenheit in Celsius:

$$\vartheta[°C] = (\vartheta[F] - 32)\frac{5}{9}$$

Beispiel: Umrechnung Celsius - Kelvin

Wir rechnen 35°C in Kelvin um.

$$T[K] = \vartheta[°C] + 273{,}15$$

$$T[K] = 35 + 273{,}15 = 308{,}15 \approx 308$$

35°C entsprechen 308 K.

Beispiel: Umrechnung Kelvin - Celsius

Wir rechnen 320 K in °C um.

$$\vartheta[°C] = T[K] - 273{,}15$$

$$\vartheta[°C] = 320 - 273{,}15 = 46{,}86 \approx 47$$

320 K entsprechen 47°C.

Die Ausdehnung der Körper bei Erwärmung lässt sich auf die Zunahme der Bewegungsenergie, bzw. der Geschwindigkeit der Moleküle bei Erwärmung zurückführen.

Bei Gasen führt die erhöhte Molekülgeschwindigkeit zu einer Vergrößerung des Drucks.

Bei einer Temperatur von 0 K, die praktisch nicht erreicht wird, ist die Geschwindigkeit der Moleküle gleich Null.

In vielen praktischen Fällen interessiert man sich nur für die Ausdehnung in einer Richtung, für die **Längenänderung** Δl.

$$\Delta l = l_0 \cdot \alpha \cdot \Delta T$$

l_0 Ausgangslänge, Anfangslänge

α Linearer Ausdehnungskoeffizient, Längenausdehnungskoeffizient

ΔT Temperaturunterschied in K

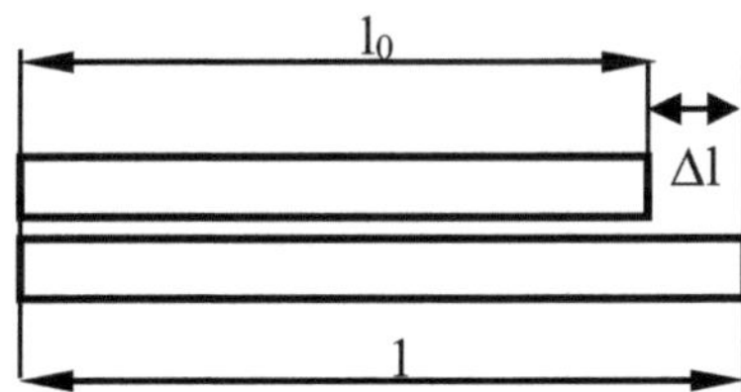

Bild 8.2 *Längenausdehnung*

Beispiel Längenänderung Pariser Eiffelturm

Um wie viel ist der Pariser Eiffelturm im Sommer höher als im Winter?

Die Ausgangslänge ist ca. 300 m. Wir nehmen einen Temperaturunterschied von 55 K (40°C − (−15°C)) an.

Der Ausdehnungskoeffizient für Eisen $\alpha = 0{,}000013/K$

$$\Delta l = l_0 \cdot \alpha \cdot \Delta T = 300\,\mathrm{m} \cdot 0{,}000013\frac{1}{K} \cdot 55\,\mathrm{K} = 0{,}21\,\mathrm{m} = 21\,\mathrm{cm}$$

Der Eifelturm ist im Sommer 21 cm höher als im Winter. Das ist mehr als die meisten schätzen.

Die Längenänderung hat große praktische Bedeutung in der Bautechnik.

Für die **Volumenausdehnung** ΔV gibt es eine analoge Gleichung:

$$\Delta V = V_0 \cdot \gamma \cdot \Delta T$$

V_0 Ausgangsvolumen

γ Volumenausdehnungskoeffizient

ΔT Temperaturunterschied

Dichteanomalie des Wassers

Erwärmt man Wasser von 0°C auf 4°C so nimmt das Volumen des Wassers ab und nicht, wie erwartet, zu. Diese Anomalie des Wassers entsteht durch die Form der Wassermoleküle, die sich über Wasserstoffbrückenverbindungen zusammenlagern und Cluster bilden. Die Strukturbildung ist ein allmählicher Vorgang, das heißt, es sind schon im flüssigen Zustand Cluster aus Wassermolekülen vorhanden. Bei 3,98 C ist der Zustand erreicht, bei dem die Cluster das geringste Volumen einnehmen und damit die größte Dichte haben.

Die Anomalie des Wassers hat eine große Bedeutung für die Lebewesen in Seen. Sie ist die Ursache dafür, dass selbst in strengen Wintern die Seen nicht bis zum Grund zufrieren. Das Wasser mit der größten Dichte, Wasser von 4°C, sinkt auf den Boden und sorgt für eine Schicht, in der die Lebewesen des Sees überleben können.

8.2 Grundgleichung der Wärmelehre

In einem abgeschlossenen System ist die Gesamtenergie immer konstant. Energie kann sich von einer Form in eine andere Form umwandeln. Energie kann weder zerstört noch erzeugt werden.

Spezifische Wärmekapazität

Verschiedene Stoffe von gleicher Masse benötigen zu ihrer Erwärmung unterschiedliche Wärmemengen. Unter der spezifischen Wärmekapazität c eines Stoffes versteht man die Wärmemenge, die nötig ist, um 1 kg eines Stoffes um 1K zu erwärmen.

Wasser hat eine sehr hohe Wärmekapazität, die in den Warmwasserheizungen ausgenutzt wird.

Wärmemenge

Im Bereich der Raumtemperatur ist die Temperaturerhöhung eines Stoffes näherungsweise proportional der zugeführten Wärmemenge Q. Die spezifische Wärmekapazität c des Stoffes kann Tabellen entnommen werden. Bei Gasen muss man beachten, dass zwischen c_v und c_p unterschieden wird, je nachdem, ob Druck oder Volumen konstant sind.

Spezifische Schmelzwärme q und Verdampfungswärme

Die **spezifische Schmelzwärme q** ist die Wärmemenge, die erforderlich ist, um ohne Temperaturänderung die Masse von 1 kg dieses Stoffes zu verflüssigen.

Während der Schmelzphase wird Schmelzwärme zum Auflösen von Molekül-
verbindungen verbraucht und es findet keine Temperaturerhöhung statt.

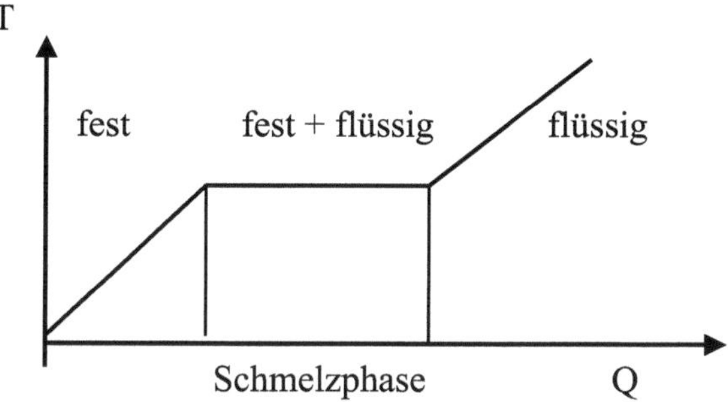

Bild 8.3 *Spezifische Schmelzwärme*

Man berechnet die Schmelzwärme Q_s mit der Gleichung

$$Q_s = q \cdot m,$$

q spezifische Schmelzwärme

m Masse

Die Schmelzwärme wird beim umgekehrten Vorgang, beim Übergang von flüssig zu fest, beim **Erstarren** frei.

Die Schmelzwärme von Blei ist wesentlich geringer als die Schmelzwärme der
anderen Metalle. Diese Tatsache nutzt man beim Bleigießen aus.

Bei dem Übergang vom flüssigen zum gasförmigen Zustand wird ähnlich wie
beim Übergang von fest zu flüssig zusätzliche Energie benötigt. Diese bezeichnet man als **Verdampfungswärme**. Die gleiche Energiemenge wird beim umgekehrten Vorgang, beim **Kondensieren**, wieder frei.

Solange keine Änderung des Aggregatzustsandes stattfindet berechnet man die
Wärmemenge Q, die für eine Temperaturänderung eines Stoffes erforderlich ist
mit der Gleichung

$$Q = m \cdot c \cdot \Delta T = m \cdot c \cdot (T_E - T_A)$$

m Masse

c spezifische Wärmekapazität

ΔT Temperaturänderung

T_A Anfangstempertur T_E Endtemperatur

Diese Gleichung wird auch als **Grundgleichung der Wärmelehre** bezeichnet.

Man erkennt, dass die Wärmemenge Q ein negatives Vorzeichen erhält, wenn T_E kleiner als T_A ist, d.h. wenn es sich um eine Abkühlung handelt.

Stellt man diese Gleichung nach ΔT um, so erhält man die Temperaturänderung ΔT, die ein Stoff mit der Masse m und der spezifischen Wärmekapazität c bei der Zuführung der Wärmenge Q erfährt.

Energie, Arbeit und Wärmemenge haben die Maßeinheit J (Joule).

$$1 \text{ J} = 1 \text{ Nm} = 1 \text{ Ws}$$

$$1 \text{ kcal} = 4{,}2 \text{ kJ}$$

Die offizielle Maßeinheit für die Wärmemenge ist J. Da früher die Wärmemenge in kcal angegeben wurde, haben sich die Werte in kcal eingeprägt. Man findet auch heute noch, z. B. bei der Angabe des Energiegehaltes von Lebensmitteln, die Angabe in kcal zusätzlich hinter der Angabe in J in Klammern.

Beispielaufgabe 1

Wie groß ist die Wärmemenge, die zum Schmelzen von 20 kg Eis mit einer Temperatur von 0°C benötigt wird?

$$Q = q \cdot m$$

$$Q = 335 \text{ kJ/kg} \cdot 20 \text{ kg} = 6700 \text{ kJ} = 6{,}7 \text{ MJ}$$

Zum Schmelzen von 20 kg Eis mit einer Temperatur von 0°C benötigt man 6,7 MJ.

Beispielaufgabe 2

Welche Wärmemenge benötigt man zum Schmelzen von 20 kg Eis einer Temperatur von - 15 °C? Für die spezifische Wärmekapazität von Eis können wir 2,09 kJ/(kgK) verwenden.

$$Q = c \cdot m \cdot \Delta T + q \cdot m$$

$$Q = 2{,}09 \text{ kJ/(kg K)} \cdot 20 \text{ kg} \cdot 15 \text{ K} + 6{,}7 \text{ MJ}$$

$$Q = 627 \text{ kJ} + 6{,}7 \text{ MJ} = 7{,}3 \text{ MJ}$$

Zum Schmelzen von 20 kg Eis einer Temperatur von -15°C benötigt man 7,3 MJ. Man erkennt, dass man für die Temperaturänderung um 15°C nur 600 kJ, benötigt hat, während für das Schmelzen 6,7 MJ nötig waren.

Mischungstemperatur

Bringt man zwei Körper unterschiedlicher Temperatur zusammen, so geht vom wärmeren zum kälteren Körper Wärme über und es stellt sich eine Mischungstemperatur ein.

Aus dem ersten Hauptsatz der Wärmelehre, der Energieerhaltung, folgt, dass die vom wärmeren Körper abgegebene Energie gleich der vom kälteren Körper aufgenommenen ist:

$$Q_{ab} + Q_{zu} = 0 \qquad \Rightarrow \qquad Q_{ab} = - Q_{zu}$$

$$m \cdot c_A \cdot (T_m - T_A) = - m_B \cdot c_B \cdot (T_m - T_B)$$

Diese Gleichung stellt man um und erhält die Mischungstemperatur T_m

$$T_m = \frac{m_A \cdot c_A \cdot T_{a,A} + m_B \cdot c_B \cdot T_{a,B}}{m_A \cdot c_A + m_B \cdot c_B}$$

Man bezeichnet diese Gleichung auch als **Richmann'sche Mischungsregel.**

Beispielaufgabe

Welche Wassertemperatur ergibt sich, wenn man 1 l Wasser von 20°C mit 2 l Wasser von 70°C mischt?

Wasser hat die Dichte von $\rho = 1$ g/cm³; d. h. 1 Liter hat eine Masse von 1 kg.

Bei diesem Beispiel vereinfacht sich die Formel für die Mischungstemperatur, da $c_A = c_B = c_{Wasser}$

$$T_m = \frac{c_{Wasser} \cdot (m_A \cdot T_{a,A} + m_B \cdot T_{a,B})}{c_{Wasser} \cdot (m_A \cdot c_A + m_B \cdot c_B)} = \frac{(m_A \cdot T_{a,A} + m_B \cdot T_{a,B})}{(m_A + m_B \cdot)}$$

$$T_m = \frac{1\,kg \cdot 293{,}15\,K + 2\,kg \cdot 343{,}15\,K}{3\,kg} = 326{,}48\,K$$

$$\vartheta_m = 53{,}3^0 C$$

Es ergibt sich eine Mischungstemperatur von 53,3°C.

Beispielaufgabe für Mischungstemperatur bei Aggregatzustandsänderung

Sie haben vergessen, die Bowle kalt zu stellen. Nun wollen sie die Abkühlung schnell mit Eiswürfeln herbeiführen. Sie wollen die Bowle (1 Liter) von 20°C auf 10°C abkühlen. Die Eiswürfel haben eine Temperatur von - 8°C. Wie viel Eiswürfel müssen sie zugeben, wenn ein Eiswürfel 5 g wiegt?

Wir verwenden für die Bowle, da diese nur 2% Alkohol enthält, die spezifische Wärmekapazität von Wasser. Bei 0°C ändert Wasser seinen Aggregatzustand. Wir müssen deshalb das Schmelzen von Eis bei dieser Schmelztemperatur T_0 berücksichtigen.

Bowleabkühlung $= -$ (Eisschmelzen + Eiserwärmung + Eiswassererwärmung)

$$m_A \cdot c_A \cdot (T_m - T_A) = -[\, m_B \cdot c_B \cdot (T_0 - T_B) \;+\; m_B \cdot q + m_B \cdot c_{Wasser}(T_m - T_0)]$$

$$m_B = \frac{m_A c_A (T_m - T_A)}{-[\, c_B (T_0 - T_B) + q + c_{Wasser}(T_m - T_0)]}$$

$$m_B = \frac{1\,\mathrm{kg} \cdot 4{,}186\,\dfrac{\mathrm{kJ}}{\mathrm{kg} \cdot \mathrm{K}} \cdot (-10\,\mathrm{K})}{-\left[\, 2{,}09\,\dfrac{\mathrm{kJ}}{\mathrm{kg} \cdot \mathrm{K}} \cdot 8\,\mathrm{K} + 334\,\dfrac{\mathrm{kJ}}{\mathrm{kg}} + 4{,}186\,\dfrac{\mathrm{kJ}}{\mathrm{kg} \cdot \mathrm{K}} \cdot 10\,\mathrm{K} \right]} = 0{,}1066\,\mathrm{kg} = 106{,}6\,\mathrm{g}$$

Das heißt, wir benötigen 106,6 g : 5 g = 21,3 Eiswürfel.

Beispielaufgabe 2

Es werden 100 g Eis in ein mit 0,5 l Wasser der Temperatur von 100°C gefülltes isoliertes Gefäß gebracht, dessen Wärmekapazität vernachlässigt werden soll. Es wird eine Mischungstemperatur von 65°C gemessen. Welche Temperatur hatte das Eis? Wir verwenden wieder die Schmelztemperatur von Eis T_0.

$$Q_{ab} + Q_{zu} = 0$$

$$c_A \cdot m_A \cdot (T_m - T_A) = -[c_B \cdot m_B \cdot (T_0 - T_B) + m_B q + c_B \cdot m_B \cdot (T_m - T_0)]$$

Wasserabkühlung $= -$ (Eiserwärmung + Eisschmelzen + Eiswassererwärmung)

$$T_0 - T_B = \frac{c_A \cdot m_A (T_m - T_{a,A}) + m_B q + c_{Wasser} m_B \cdot (T_m - T_0)}{-m_B \cdot c_B}$$

$$T_o - T_B = -\frac{4{,}186\,\dfrac{kJ}{kgK}\cdot 0{,}5\,kg\cdot(-35\,K) + 0{,}1\,kg\cdot 334\,\dfrac{kJ}{kg} + 4{,}186\,\dfrac{kJ}{kgK}\,0{,}1\,kg\cdot 65\,K}{-0{,}1\,kg\cdot 2{,}09\,\dfrac{kJ}{kg}}$$

$$T_o - T_B = 60{,}5\,K$$

$$\vartheta_B = -60{,}5\,^0C$$

Das Eis hatte eine Temperatur von – 60,5 ^{0}C.

Kalorimeter

Ein Kalorimeter ist ein Gerät zum Bestimmen der Wärmekapazität unbekannter Stoffe. Der Behälter des Kalorimeters ist gut isoliert, damit der Wärmeaustausch mit der Umgebung vermieden wird. Es beinhaltet einen Rührer und ein Thermometer. Das folgende Bild zeigt ein Kalorimeter, mit dem man die spezifische Wärmekapazität eines festen Körpers bestimmen kann. Die Wärmekapazität K des Kalorimeters ist in einem extra Versuch zu ermitteln.

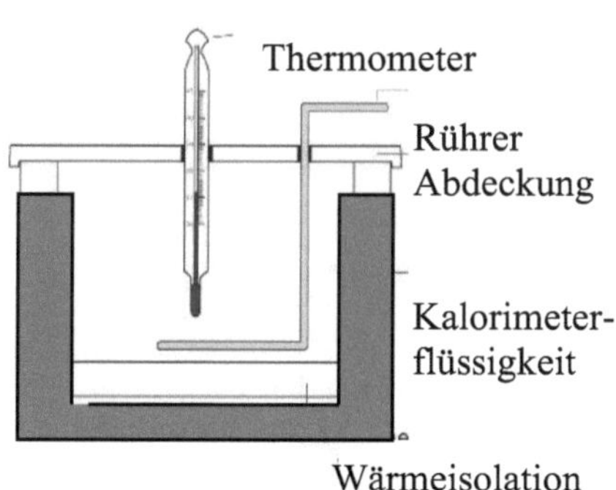

Bild 8.4 *Kalorimeter(Prinzip)*

Reales Kalorimeter

1. Bestimmung der Wärmekapazität des Kalorimeters

Das Kalorimeter wird mit der Wassermenge m_A der Temperatur T_A gefüllt. Eine Wassermenge m_B einer höheren Temperatur T_B wird in das Kaloriemeter geschüttet und mit der Wassermenge m_A verrührt. Die sich einstellende Mischungstemperatur T_m wird gemessen. Aus der Energiebilanz

$$m_A \cdot c_{Wasser} \cdot (T_m - T_A) + K \cdot (T_m - T_A) = - \; m_B \cdot c_{Wasser} \cdot (T_m - T_B)$$

kann die unbekannte Größe K berechnet werden.

Damit die Bestimmung von K möglichst genau wird, führt man die Messung mehrmals durch und ermittelt so einen Mittelwert für K.

Beispielaufgabe

Zur Ermittelung der Wärmekapazität eines Kalorimeters wird es mit 400 g Wasser gefüllt, das eine Temperatur von 15°C hat. Dann werden 0,6 l Wasser von 60°C zugegossen. Es stellt sich eine Mischungstemperatur von 39°C ein. Berechnen sie die Wärmekapazität des Kalorimeters.

$$m_A \cdot c_{Wasser} \cdot (T_m - T_A) + K \cdot (T_m - T_A) = - \; m_B \cdot c_{Wasser} \cdot (T_m - T_B)$$

$$K \cdot (T_m - T_A) = - \; m_B \cdot c_{Wasser} \cdot (T_m - T_B) - m_A \cdot c_{Wasser} \cdot (T_m - T_A)$$

$$K = \frac{c_{wasser}\left[- m_B\left(T_m - T_B\right) - m_A\left(T_m - T_A\right)\right]}{T_m - T_A}$$

$$K = 4{,}186 \frac{kJ}{kgK} \; \frac{0{,}6kg \cdot 21K - 0{,}4kg \cdot 24K}{24K} = 0{,}523 \frac{kJ}{K} = 523 \frac{J}{K}$$

Das Kalorimeter hat eine spezifische Wärmekapazität von 523 J/K.

2. Bestimmung unbekannter spezifischer Wärmekapazitäten

Als Kalorimeterflüssigkeit kann man Wasser verwenden. Das Kalorimeter wird mit einer bestimmten Menge Wasser m_A gefüllt und die Temperatur T_A des Wassers bestimmt. Nun wird ein fester Körper bestimmter Masse m_B auf eine bestimmte Temperatur T_B gebracht, indem man ihn in heißes Wasser bestimmter Temperatur taucht. Mit dieser Temperatur wird er in das Wasser im Kalorimeter gebracht. Dort kommt es zu einem Temperaturausgleich: Das kalte Wasser und das Kalorimeter nehmen Wärme auf, der heiße Körper gibt Wärme ab. Es stellt sich eine Mischungstemperatur T_m ein, die gemessen wird. In der obigen Gleichung

$$Q_{ab} + Q_{zu} = 0$$

$$m_A \cdot c_A \cdot (T_m - T_A) = - \; m_B \cdot c_B \cdot (T_m - T_B)$$

gibt es nur eine Unbekannte, die spezifische Wärmekapazität des Körpers B. Nach dieser stellt man die Gleichung um und berechnet c_B.

114

$$c_B = \frac{m_A \cdot c_A \left(T_m - T_A\right)}{-m_B \left(T_m - T_B\right)}$$

Beispielaufgabe

Wir ermitteln die spezifische Wärmekapazität von Aluminium.

Das Kalorimeter hat eine Wärmekapazität von 523 J/K. 180 g Aluminium werden auf 100°C erhitzt und in das Kalorimeter gegeben, dessen Wasser (500 g) eine Temperatur von 20°C hat. Es stellt sich eine Mischungstemperatur von 24,7°C ein.

Wir stellen die Energiebilanz auf und anschließend die Gleichung nach c_B um.

$$m_A \cdot c_{Wasser} \cdot (T_m - T_A) + K \cdot (T_m - T_A) = -\ m_B \cdot c_B \cdot (T_m - T_B)$$

$$c_B = \frac{m_A \cdot c_{Wasser} \cdot \left(T_m - T_A\right) + K \cdot \left(T_m - T_A\right)}{-m_B \left(T_m - T_B\right)}$$

$$c_B = \frac{0,5\,\text{kg} \cdot 4,186\dfrac{\text{kJ}}{\text{kgK}}\,4,7\,\text{K} + 0,523\dfrac{\text{kJ}}{\text{K}} \cdot 4,7\,\text{K}}{-\,0,18\,\text{kg} \cdot \left(-\,75,3\,\text{K}\right)} = 0,91\dfrac{\text{kJ}}{\text{kgK}}$$

Wir haben einen Wert von 0,91 kJ/(kgK) für die spezifische Wärme von Aluminium bestimmt. Wir vergleichen unseren Wert noch mit dem Tabellenwert. Die Tabelle liefert einen Wert von 0,90 kJ/(kgK).

8.3 Ideales Gas und Gasgesetze

Druck

Druck ist definiert als der Quotient aus Kraft und Fläche.

Das Formelzeichen für den Druck ist ein kleines p *(engl. pressure)*.

$$p = \frac{F}{A}$$

Obwohl die Kraft ein Vektor ist, ist der Druck eine ungerichtete Größe. Das liegt daran, dass auch Flächen in der Physik durch einen Vektor (den Flächennormalvektor) beschrieben werden.

Für den Druck sind viele verschiedene Maßeinheiten üblich. Die SI-Einheit des Drucks ergibt sich durch Einsetzen in die Definitionsgleichung.

$$[p] = [F]/[A] = 1\ \text{N}/1\ \text{m}^2 = 1\ \text{Pa}$$

Zu Ehren des französischen Physikers Blaise Pascal (1623-1662) wird die Einheit ein **Pascal** (1Pa) genannt. Da ein Quadratmeter eine große Fläche ist und ein Newton eine relativ kleine Kraft, ist 1 Pa eine sehr kleine Einheit. In der Praxis verwendet man oft die Einheit Bar, wobei folgende Umrechnung gilt:

$$1\ \text{bar} = 10^5\ \text{Pa}$$

Der Luftdruck auf Meeresniveau beträgt ungefähr 1 bar.

Weiterhin gibt es noch die älteren Druck-Einheiten, wie die physikalische Atmosphäre, Torr, mm-Quecksilbersäule und mm-Wassersäule. Das Torr ist benannt nach Evangelista Torricelli (1608-1647), der das Quecksilberbarometer erfand.

Die physikalische Atmosphäre at ist heute definiert als 101 325 Pascal und ein Torr als ein 760 stel einer physikalischen Atmosphäre.

$$1\ \text{Torr} = 1\ \text{mm Hg} = 13{,}5951\ \text{mm H}_2\text{O} = 133{,}322\ \text{Pa}$$

Drücke von Körperflüssigkeiten dürfen in der Medizin weiterhin in mm Hg angegeben werden.

Bild 8.5 *ältere Druckmessgeräte*

Druck eines idealen Gases

Das ideale Gas ist ein Medium, dessen Teilchen im Vergleich zum mittleren Abstand eine verschwindend kleine Ausdehnung besitzen und die nur durch elastische Stöße wechselwirken.

Das erste **Gesetz von Gay-Lussac** (1778-1850) besagt, dass das Volumen idealer Gase bei gleich bleibendem Druck (isobare Zustandsänderung) und gleich bleibender Stoffmenge direkt proportional zur Temperatur ist.

$$\frac{V_1}{T_1} = \frac{V_2}{T_2}$$

Das **Gesetz von Amontons** (1663-1705), oft auch als **2. Gesetz von Gay-Lussac bezeichnet**, sagt aus, dass der Druck idealer Gase bei gleich bleibendem Volumen (isochore Zustandsänderung) und gleich bleibender Stoffmenge direkt proportional zur Temperatur ist:

$$\frac{p_1}{T_1} = \frac{p_2}{T_2} \qquad ,$$

wobei T die absolute Temperatur in Kelvin ist. Die beiden Gesetze lassen sich zum allgemeinen Gasgesetz vereinigen.

$$\frac{p_1 V_1}{T_1} = \frac{p_2 V_2}{T_2} = \text{konst.}$$

Stoffmenge

Ein **Mol** ist die Stoffmenge eines Systems, dass aus so vielen Teilchen besteht, wie in 12g Kohlenstoff $^{12}_{6}C$ enthalten sind. Das sind $6{,}02204 \cdot 10^{23}$ Teilchen. Diese Zahl bezeichnet man nach dem italienischen Physiker Avogadro (1776-1856) als Avogadro-Konstante N_A.

Gesetz von Avogadro

Ein Mol aller Gase nimmt unter Normbedingungen ($T_0 = 273{,}15$ K und $p_0 = 101{,}325$ kPa $= 1$ atm) ein Volumen von $V_{mol} = 22{,}4$ l ein.

Der Term $\dfrac{p_0 V_{mol}}{N_A T_0} = k$

ist eine Konstante, die zu Ehren des österreichischen Physikers Ludwig Boltzmann (1844-1906) Boltzmann –Konstante genannt wird.

Setzt man die Normbedingungen p_0 und T_0, die Avogadro-Konstante N_A und $V_{mol} = 22{,}4$ l ein, so erhält man

$$k = 1{,}38065 \; 10^{-23} \text{J/K.}$$

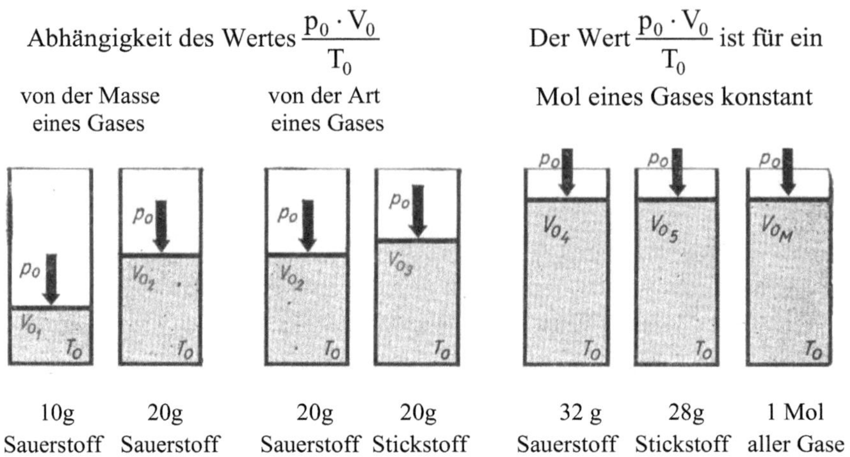

Bild 8.6 *Volumen eines Mols*

Man bezeichnet die folgende Gleichung auch als universelle Gasgleichung

$$p \cdot V = n \cdot N_A \cdot k \cdot T, \quad \text{wobei n die Stoffmenge in mol ist.}$$

Man kann diese Gleichung auch mit der universellen Gaskonstante $R = N_A \cdot k$ schreiben:

$$p \cdot V = n \cdot R \cdot T, \text{ wobei}$$

$R = 8{,}31447$ J/(mol·K) die universelle oder molare Gaskonstante ist.

Die **molare Masse M** ist definiert als Quotient aus der Masse m des Stoffs in g und der Anzahl der Mole n in mol.

$$M = \frac{m}{n} \qquad [M] = \frac{g}{mol}$$

Mit Hilfe der **Ordnungszahlen im Periodensystems** finden wir z.B.,

dass Wasserstoff H_2 eine molare Masse von $(2 \cdot 1)$g/mol $= 2$g/mol hat,

dass Sauerstoff O_2 eine molare Masse von $2 \cdot 16$ g/mol $= 32$ g/mol hat.

Kohlendioxid CO_2 hat eine Masse von $(12 + 2 \cdot 16)$ g/mol $= 44$ g/mol.

Für Luft (75 % N und 25 % O_2) finden wir $(0{,}75 \cdot 28 + 0{,}25 \cdot 32)$ g/mol $= 29$ g/mol.

118

Beispielaufgabe

Eine Stahlflasche hat ein Volumen von 20 Liter. Sie enthält 90 g Wasserstoff. Bei welcher Temperatur erreicht der Innendruck 50 bar?

geg: $p = 50$ bar $= 5$ MPa; $V = 20$ l $= 20 \cdot 10^{-3} \, m^3$; $m = 90$ g   ges.: T

$$n = \frac{m}{M} = \frac{90 \, g}{2 \, g \cdot mol^{-1}} = 45 \, mol$$

$$p \cdot V = n \cdot R \cdot T$$

$$T = \frac{p \cdot V}{n \cdot R} = \frac{5 \cdot 10^6 \, N/m^2 \cdot 20 \cdot 10^{-3} \, m^3}{45 \, mol \cdot 8,31447 \, J/(Kmol)} = 267,3 \, K$$

Der Innendruck von 50 bar wird bei 267,3 K erreicht.

8.4 Der erste Hauptsatz der Wärmelehre

Die **innere Energie** eines Systems ist die Summe aller molekularen Energien des Systems. Die innere Energie eines Systems nimmt zu, wenn Arbeit am System verrichtet oder Wärme zugeführt wird. Ähnlich nimmt die innere Energie ab, wenn Wärme hinaus fließt oder wenn das System Arbeit nach außen verrichtet. Diesen Zusammenhang bezeichnet man als den ersten Hauptsatz der Thermodynamik.

Bezeichnen wir die Änderung der inneren Energie eines abgeschlossenen Systems mit ΔU, so können wir den ersten Hauptsatz als Gleichung formulieren:

$$\Delta U = Q + W$$

Darin ist Q die dem System zugeführte Wärme und W die am System verrichtete Arbeit.

In einem abgeschlossenen System bleibt die Gesamtenergie konstant:

$$\frac{1}{2} mv^2 + mgh + U = E$$

Beispiel

Eine Wärmemenge von 2500 J wird einem System zugeführt, außerdem wird am System 1800 J Arbeit verrichtet. Wie groß ist die Änderung der inneren Energie des Systems?

Wir wenden den ersten Hauptsatz der Thermodynamik an.

$$\Delta U = Q + W$$

$$\Delta U = 2500 \text{ J} + 1800 \text{ J} = 4300 \text{ J} \, .$$

Die innere Energie hat um 4300 J zugenommen.

Wärmekraftmaschinen wandeln Wärme in Arbeit um. Die Ausdehnung eines Gases bei Erwärmung wird genutzt, um einen Kolben zu bewegen. Die bei der Volumenausdehnung dV verrichtete infinitesimale Arbeit dW ist das Produkt aus Kraft F und Weg ds.

$$dW = -F \cdot ds = -p \cdot A \cdot ds = -p \cdot dV$$

Dabei ist A die Kolbenfläche und F die Kraft auf den Kolben.

Für eine Volumenänderung V_1 nach V_2 ist die vom Gas verrichtete Arbeit gleich

$$W = -\int_{V_1}^{V_2} p \cdot dV$$

Wir unterscheiden folgende Arten von thermodynamischen Prozessen:

1. Isotherme Zustandsänderung (T = konstant)

Befindet sich das Gas ursprünglich in Punkt 1 und wird die Wärmemenge Q dem System zugeführt, so bewegt sich das System im Diagramm zu einem neuen Punkt, 2. Wenn die Temperatur konstant bleiben soll, muss das Gas sein Volumen vergrößern (expandieren) und die Arbeit W an der Umgebung leisten (Bild 8.7).

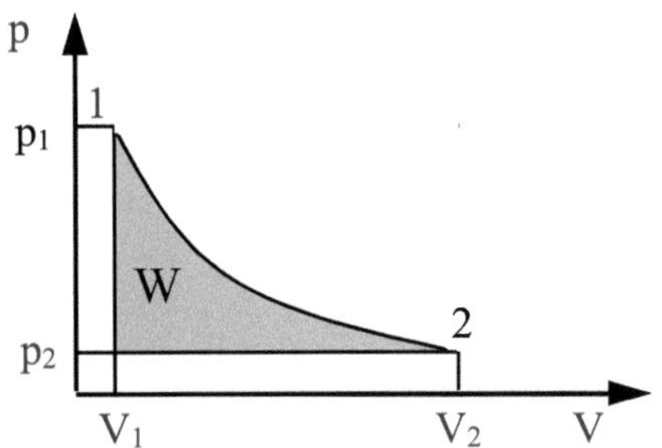

Bild 8.7 *Isotherme Zustandsänderung*

Wird bei einem solchen Prozess das Volumen verkleinert und der Druck vergrößert, so spricht man von einer Kompression.

120

2. Isobare Zustandsänderung (p = konstant)

Ein **isobarer** Prozess ist ein solcher, bei dem der Druck konstant bleibt. Dieser Prozess wird durch eine horizontale Gerade im pV-Diagramm dargestellt.

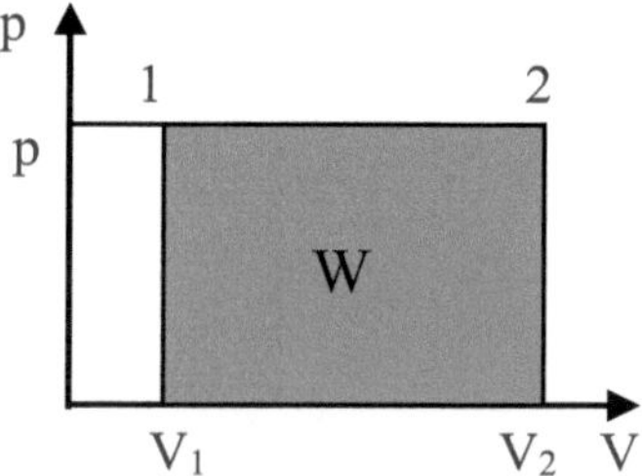

Bild 8.8 *Isobare Zustandsänderung*

3.Isochore Zustandsänderung (V=konstant)

Ein **isochorer** Prozess ist einer, in dem sich das Volumen nicht ändert. Dieser Prozess wird also durch eine senkrechte Gerade im pV-Diagramm dargestellt.

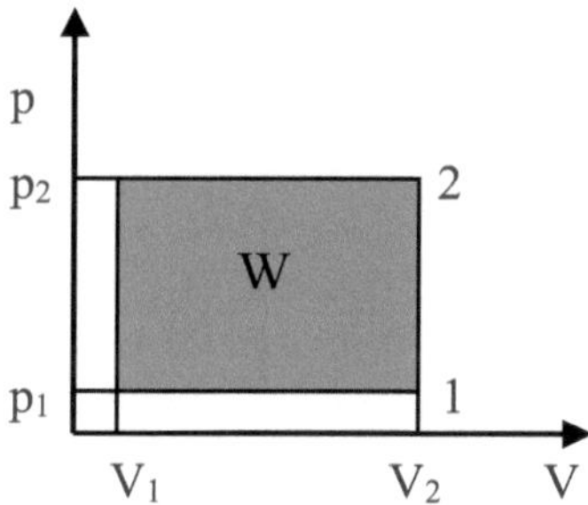

Bild 8.9 *Isochore Zustandsänderung*

Auf eine weitere Zustandsänderung, die adiabatische, bei der die Wärmemenge konstant ist, wollen wir hier nicht eingehen.

Beispiel 1

Ein ideales Gas wird langsam bei einem konstanten Druck von 2,0 bar von 10,0 l auf 2,0 l komprimiert. Bei diesem Prozess strömt etwas Wärme hinaus und die Temperatur fällt. Danach wird bei konstantem Volumen Wärme zugeführt, Druck und Temperatur können ansteigen, bis die Temperatur ihren ursprünglichen Wert erreicht. Berechnen Sie

a) die gesamte vom Gas verrichtete Arbeit und

b) den gesamten Wärmefluss ins Gas hinein.

Arbeit wird nur während der Kompressionsphase am Gas verrichtet:

$$W = -p \cdot \Delta V = -\left(2{,}0 \cdot 10^5 \, \frac{N}{m^2}\right) \cdot \left(2 \cdot 10^{-3} - 10 \cdot 10^{-3}\right) m^3 = +1{,}6 \cdot 10^3 \, Nm$$

Die gesamte am Gas verrichtete Arbeit ist damit $+1{,}6 \cdot 10^3$ J.

Da die Temperatur am Prozessanfang und -ende dieselbe ist, gibt es keine Veränderung der inneren Energie unseres idealen Gases: $\Delta U = 0$.

Aus dem ersten Hauptsatz der Thermodynamik folgt

$$0 = \Delta U = Q + W \,,$$

somit wird

$$Q = -W = -1{,}6 \cdot 10^3 \, J.$$

Da Q negativ ist, fließen 1600 J während des gesamten Prozesses aus dem Gas heraus.

Beispiel 2

Welche Arbeit verrichten 40 l Sauerstoff unter einem Druck von 15 MPa bei der isothermen Expansion auf 101 kPa? Welche Wärme muss für die isotherme Zustandsänderung zugeführt werden?

$$W = -\int_{V_1}^{V_2} p \cdot dV = -nRT \int_{V_1}^{V_2} \frac{1}{V} \, dV = -nRT \cdot \ln\frac{V_2}{V_1} = -p_1 \cdot V_1 \cdot \ln\frac{V_2}{V_1} = -p_1 \cdot V_1 \cdot \ln\frac{p_1}{p_2}$$

$$W = -15 \cdot 10^6 \, Pa \cdot 40 \cdot 10^{-3} \, m^3 \cdot \ln\frac{15 \cdot 10^6}{101 \cdot 10^3} = -3 \, MJ$$

Bei der Expansion des Gases wird eine Arbeit von 3 MJ abgegeben. Da die Temperatur konstant ist, ändert sich die innere Energie nicht. Das bedeutet, dass dem System 3 MJ Wärme zugeführt werden muss.

8.5 Aufgaben zur Thermodynamik

1.

Rechnen Sie 20°C in K um.

2.

Rechnen Sie 310 K in °C um.

3.

Der Prager Eiffelturm hat eine Höhe von 60 m.

a) Wie viele cm ist er im Sommer bei 40°C größer als im Winter bei -15°C? Er ist aus Stahl
und hat damit $\alpha = 0,000013$ K^{-1}.
b) Im Innern befindet sich ein Fahrstuhlschacht
aus Holz ($\alpha = 0,000008$ K^{-1}). Um wie viel
verändert sich dessen Länge bei dem gleichen Tempe-raturunterschied?

4.

Wie lang ist ein Aluminiumstab, der im Sommer bei 25°C eine Länge von
3,200 m hat, im Winter bei minus 15°C?

5.

Wie viel Energie benötigt man um 20 kg Eis von einer Temperatur von 0°C zu
schmelzen?

6.

Welche Wärmemenge benötigt man zum Schmelzen von 20 kg Eis einer Temperatur von -15°C?

7.

Um wie viel erhöht sich die Temperatur von 1 l Wasser, wenn eine Wärmemenge von 30 kJ zugeführt wird?

8.

Auf welche Temperatur kühlen sich 100 ml Kaffee von 95°C ab, wenn man den
Kaffee in einen Aluminiumpott (m =105 g) gießt, der eine Zimmertemperatur
von 21°C hat?

9.

In einem Gefäß befinden sich 25 g Wasser von 15°C. Welche Energiemenge muss man dem Wasser zuführen, um es zu verdampfen?

10.

Wie groß ist die Wärmemenge, die frei wird, wenn 25 kg flüssiges Aluminium ($c_{flüssig} = 1,25 \ \dfrac{kJ}{kg \cdot K}$) von 700°C erstarren und sich auf 20°C abkühlen?

11.

In 1 Liter Wasser von 20°C wird 1 kg Eis von 0°C gegeben. Wie viel Eis schmilzt, und wie groß ist dann die Temperatur des Wassers?

12.

500 l Badewasser sollen von 13°C auf 37°C erhitzt werden. Wie viel Energie wird dazu benötigt?

13.

Wenn man einem Körper von 200 g Masse eine Wärmemenge von 1,68 kJ zuführt, erwärmt er sich um 21,7 K. Wie groß ist die spezifische Wärmekapazität des Körpers?

14.

Es soll die spezifische Wärmekapazität eines Körpers bestimmt werden, der eine Masse von 270 g hat. Der Körper wird auf 100°C erwärmt und in ein Kalorimeter gegeben, das 450 g Wasser von 18°C enthält Die Wärmekapazität des Kalorimeters beträgt 167,6 J $\cdot$ K^{-1}. Dabei entsteht eine Mischungstemperatur von 22°C. Welche spezifische Wärmekapazität erhält man für diesen Körper?

15.

Eine 10 cm dicke Eisschicht auf einem See wird durch Sonneneinstrahlung geschmolzen. Die an einem sonnigen Wintertag einfallende Sonnenenergie betrage 4 kWh/m^2. davon werden 20 % von der Eisfläche absorbiert, der Rest wird zurückgestrahlt. Wie viele Sonnentage sind erforderlich, um das Eis zu schmelzen? (Dichte von Eis 900 kg/m^3).

16.

Ein Eisentopf mit 1 l Inhalt hat einer Masse von 0,5 kg. Der wassergefüllte Topf wird erhitzt. Welcher Bruchteil der aufgewendeten Energie ist dabei zur Erwärmung des Topfes bzw. des Wassers erforderlich?

17.

Ein Stück Eisen mit einer Masse $m = 100$ kg fällt aus einer Höhe von 20 m auf die Erde. Um wie viel erwärmt sich das Eisen dabei, wenn die gesamte potentielle Energie zur Erwärmung des Eisens genutzt wird?

18.

Ein Luftvolumen von 1,5 m^3 hat eine Temperatur von 20 °C und einen Druck von 101,3 kPa. Welche Arbeit wird bei der Volumenausdehnung geleistet, wenn die Temperatur bei konstantem Druck auf 150 °C erhöht wird?

19.

5 m^3 Luft von 101 kPa sollen isotherm auf 400 kPa komprimiert werden. Berechnen Sie das Volumen nach der Verdichtung.

20.

2 Liter CO_2 mit einem Druck von 0,1 MPa werden isobar von 290 K auf 350 K erwärmt.
a) Berechnen Sie das neue Volumen, das sich ergibt.
b) Welche mechanische Arbeit verrichtet das Gas bei dieser Zustandsänderung?

21.

Welche Arbeit ist aufzuwenden, um 12 m^3 Druckluft von $12 \cdot 10^5$ Pa herzustellen, wenn der Anfangsdruck $1,12 \cdot 10^5$ Pa beträgt und die Temperatur konstant bleibt?

22.

Das Luftvolumen in einem Zylinder wird isotherm von 10 l auf 2 l verringert, während sich der Druck von 0,1 MPa auf 0,5 MPa erhöht. Wie groß ist die Volumenarbeit?

9 Elektrostatik

9.1 Die elektrische Ladung

Geladene Körper

Elektrische Aufladungen kennt man aus dem Alltag, oft sind sie unerwünscht, aber man kennt auch technische Anwendungen, wie z. B. den Tintenstrahldruck, die elektrostatische Aufladungen ausnutzen.

Bild 9.1 *Elektrostatische Aufladung im Alltag*

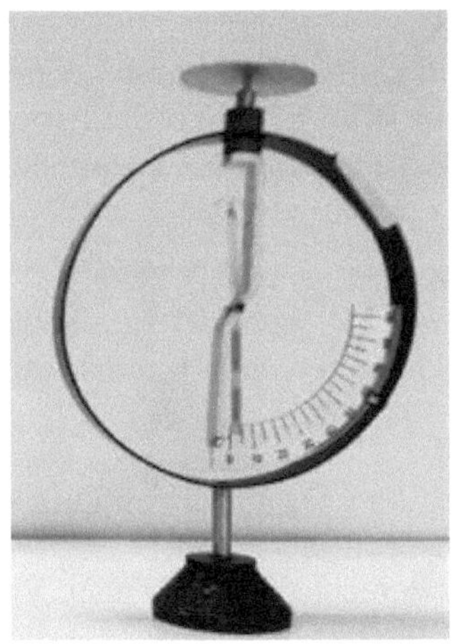

Bild 9.2 *Elektroskop*

Berühren sich zwei Körper, so gehen an den Berührungsstellen Elektronen von dem einen auf den anderen Körper über. Der eine Körper lädt sich positiv, der andere negativ auf. Reibt man die Körper aneinander so kommt es zu vermehrtem Ladungsübergang. Man nennt diesen Vorgang Influenz.

Werden Körper durch Reibung aufgeladen, so behalten sie ihre Ladung im Allgemeinen nur für eine begrenzte Zeit und kehren schließlich in ihren neutralen Zustand zurück. Die Ladung geht dabei auf Ionen oder Wassermoleküle in der Luft über. An trockenen Tagen ist die statische **Elektrizität** viel stärker, da die Luft weniger Wassermoleküle enthält.

Das Wort Elektrizität geht auf das griechische Wort *elektron* zurück. Elektron bedeutet im Griechischen **Bernstein.** Die Griechen wussten schon sehr früh, dass ein geriebener Bernstein kleine Plättchen und Staub anzieht.

Ladungen kann man mit einem so genannten Elektroskop messen, auf dessen bewegliche Teile man die Ladung überträgt (Bild 7.2).

Die Maßeinheit der Ladung ist das **Coulomb** C, nach dem französischen Physiker Charles Augustin Coulomb (1736-1806).
1 Coulomb ist definiert als die elektrische Ladung, die innerhalb einer Sekunde durch den Querschnitt eines Leiters transportiert wird, in dem ein elektrischer Strom von einem Ampere fließt.

$$1\,C = 1\,A\,1\,s$$

Das Coulomb kann auch als Amperesekunde (As) bezeichnet werden.

Die folgende Tabelle gibt einen Überblick über die Größe von elektrischen Ladungen.

Tabelle Elektrische Ladung Q

Elektron	$Q_e = -1{,}6 \cdot 10^{-19}\,C$
Proton	$Q_p = 1{,}6 \cdot 10^{-19}\,C$
Heliumkern	$2 \cdot e$
Blitz	$1 \ldots 10\,C$
Schulversuche	$10^{-7}\,C$

9.2 Elektrostatische Kräfte - Das Coulombsche Gesetz

Die Kraft zwischen zwei kleinen, geladenen Körpern nimmt mit dem Quadrat der Entfernung r ab. Die Kraft ist dem Produkt der Ladungen Q_1 und Q_2 proportional.

$$\mathbf{F} = \frac{Q_1 \cdot Q_2}{4\pi \cdot \varepsilon \cdot \varepsilon_0 \cdot r^2} \frac{\mathbf{r}}{r}$$

Die Dielektrizitätskonstante ε ist eine Materialkonstante und kann Tabellen entnommen werden. Für Vakuum hat sie den Wert 1. Die Elektrische Feldkonstante ε_0 hat den Betrag $8{,}854 \cdot 10^{-12}\,C/Vm$.

Die Coulumbsche Kraft hat den Betrag:

$$F = \frac{|Q_1 \cdot Q_2|}{4\pi \cdot \varepsilon \cdot \varepsilon_0 \cdot r^2}$$

Das folgende Bild zeigt die Kraft, die zwischen zwei Ladungen der Größe von 10^{-6} C in Abhängigkeit vom Abstand herrscht.

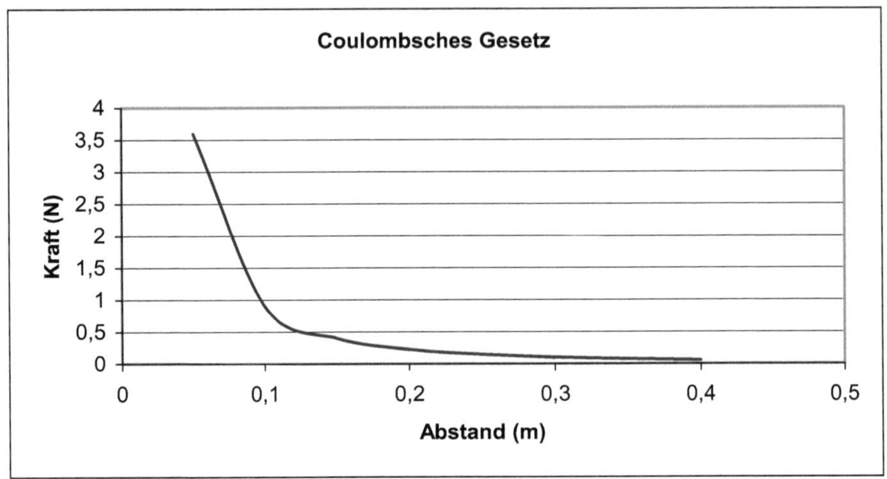

Bild 9.3 *Coulombsches Gesetz*

Bild 9.4 *Die sechsfache Symmetrie der Eiskristalle ist eine Folge der Coulombschen Kräfte zwischen den Wassermolekülen.*

Das Unabhängigkeitsgesetz

Elektrische Kräfte beeinflussen sich gegenseitig nicht. Sie überlagern sich ungestört und können wie Vektoren addiert werden.

Beispiel 1

Wir bestimmen die elektrische Kraft, die ein Elektron in einem Wasserstoffatom aufgrund des Kerns erfährt. Das Elektron ist mit e = $-1{,}6 \cdot 10^{-19}$ C geladen. Der Kern enthält ein Proton mit der positiven Elementarladung e = $+1{,}6 \cdot 10^{-19}$ C.

128

Wir nehmen an, dass sich das Elektron in einem durchschnittlichen Abstand von 0,1 nm vom Proton befindet.

Wir nutzen das Coulombsche Gesetz:

$$F_C = \frac{Q_e \cdot Q_p}{4\pi\varepsilon_0\varepsilon \cdot r^2} = \frac{-\left(1{,}6\cdot10^{-19}\,\text{As}\right)^2 \cdot \text{Vm}}{4\pi\cdot8{,}854\cdot10^{-12}\,\text{As}\cdot10^{-20}\,\text{m}^2} = -2{,}30\cdot10^{-8}\,\text{N}$$

Die Kraft hat ein negatives Vorzeichen. Das heißt, es handelt sich um eine Anziehungskraft. Bei gleichem Vorzeichen der Ladungen ist die Kraft positiv.

Vergleich der Coulombschen Kraft mit der Gravitationskraft

Nun wollen wir diese Kraft noch mit der Gravitationskraft vergleichen, mit der sich die beiden Teilchen auf Grund ihrer Masse anziehen.

$$F_G = \frac{G\cdot m_e \cdot m_p}{r^2} = \frac{6{,}67\cdot10^{-11}\,\text{m}^2\cdot9{,}109\cdot10^{-31}\,\text{kg}\cdot1{,}67\cdot10^{-27}\,\text{kg}}{\text{kgs}^2\left(0{,}1\,\text{nm}\right)^2}$$

$$F_G = 1{,}01\cdot10^{-47}\,\text{N}$$

In welchem Verhältnis stehen elektrostatische Anziehungskraft und Gravitationskraft?

$$\frac{1}{4\pi\varepsilon_0\varepsilon}\frac{\left|Q_e \cdot Q_p\right|}{r^2} : \frac{G\cdot m_e \cdot m_p}{r^2} = \frac{1}{4\pi\varepsilon_0\varepsilon}\frac{Q_e \cdot Q_p}{G\cdot m_e \cdot m_p} = 2{,}27\cdot10^{39}$$

Man erkennt, dass die elektrostatische Anziehung sehr, sehr viel größer ist als die Anziehung auf Grund der Masse. In beiden Formeln steht das Quadrat des Abstandes im Nenner. Das Verhältnis ist unabhängig vom Abstand.

Beispiel 2

Drei geladene Teilchen werden auf einer Geraden angeordnet (Bild.7.5). Wir berechnen die resultierende elektrostatische Kraft auf die dritte Ladung Q_3.

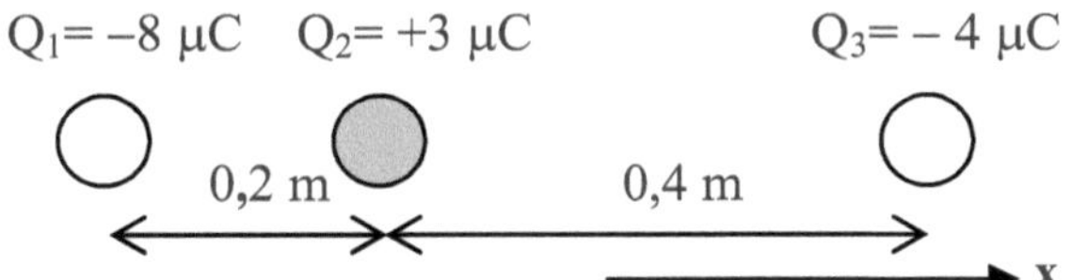

Bild 9.5 *Drei Ladungen*

Die resultierende Kraft **F** auf Teilchen 3 ist gleich der Vektorsumme der Kräfte **F**$_{31}$, ausgeübt von Teilchen 1, und **F**$_{32}$, ausgeübt von Teilchen 2 auf Teilchen 3.

$$\mathbf{F} = \mathbf{F}_{31} + \mathbf{F}_{32}$$

Wir verwenden das Coulombsche Gesetz:

$$F_{31} = \frac{N \cdot m^2 \cdot 8 \cdot 10^{-6}\,C \cdot 4 \cdot 10^{-6}\,C}{4\pi \cdot 8{,}86 \cdot 10^{-12}\,C^2 (0{,}6\,m)^2} = 0{,}80\ N$$

$$F_{32} = -\frac{N \cdot m^2 \cdot 3 \cdot 10^{-6}\,C \cdot 4 \cdot 10^{-6}\,C}{4\pi \cdot 8{,}86 \cdot 10^{-12}\,C^2 (0{,}4\,m)^2} = -0{,}67\ N$$

Die Verbindungsgerade der Teilchen sei die *x*-Achse und die positive Richtung verlaufe nach rechts. Die Kraft $\vec{F}_{31}$ ist positiv (abstoßend) und $\vec{F}_{32}$ negativ (anziehend). Die resultierende Kraft auf Ladung 3 ist dann

$$F = F_{31} + F_{32} = 0{,}80\ N - 0{,}67\ N = 0{,}13\ N$$

Die resultierende Kraft beträgt 0,13 N. Sie ist nach rechts gerichtet.

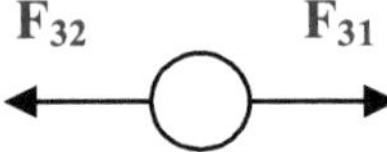

Beispiel 2

Vier freie, gleichgroße positive Punktladungen Q befinden sich an den Ecken eines Quadrates mit der Seitenlänge a.

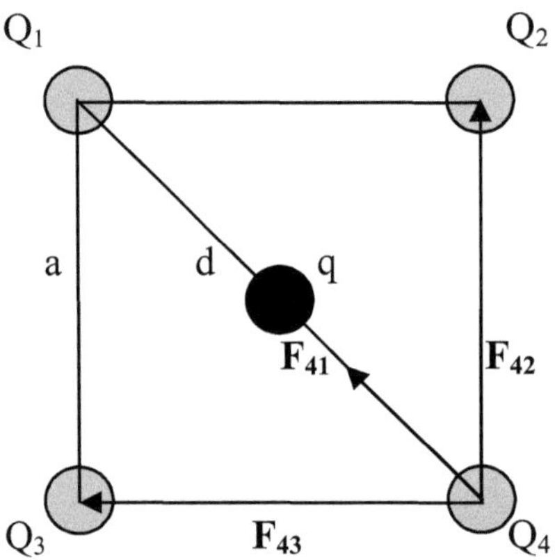

Bild 9.6 *Berechnung der Kraft von vier Punktladungen Q auf eine Ladung q in der Mitte des Quadrats*

Welche Ladung müsste im Mittelpunkt des Quadrates angeordnet werden, damit das System aller Ladungen im Gleichgewicht ist?

Wir berechnen z. B. die Kraft der Ladung Q_1, Q_2 und Q_3 auf die Ladung Q_4 und setzen diese Kraft der Kraft von q auf Q_4 gleich.

Die Ladung q muss negativ sein.

$$F_{42} = F_{43} = \frac{1}{4\pi\varepsilon_0}\frac{Q^2}{a^2}$$

$$F_{41} = \frac{1}{4\pi\varepsilon_0}\frac{Q^2}{d^2} = \frac{1}{4\pi\varepsilon_0}\frac{Q^2}{\left(\sqrt{2}a\right)^2} = \frac{1}{4\pi\varepsilon_0}\frac{Q^2}{2a^2}$$

Wir addieren die drei Kräfte vektoriell:

$$\mathbf{F_{ges}} = \mathbf{F_{41}} + \mathbf{F_{42}} + \mathbf{F_{43}}$$

$$F_{ges} = \frac{1}{4\pi\varepsilon_0}\frac{Q^2}{a^2}\left(\sqrt{2}+\frac{1}{2}\right)$$

Nun berechnen wir die Kraft von q auf Q_4:

$$F_{4q} = -\frac{1}{4\pi\varepsilon_0}\frac{Qq}{\left(\dfrac{d}{2}\right)^2} = -\frac{1}{4\pi\varepsilon_0}\frac{Qq}{\dfrac{d^2}{4}} = -\frac{1}{4\pi\varepsilon_0}\frac{Qq}{\dfrac{\left(\sqrt{2}a\right)^2}{4}} = -\frac{1}{4\pi\varepsilon_0}\frac{Qq}{\dfrac{a^2}{2}}$$

Wir setzen die beiden Ergebnisse gleich und vereinfachen.

$$\frac{1}{4\pi\varepsilon_0}\frac{Q^2}{a^2}\left(\sqrt{2}+\frac{1}{2}\right) = -\frac{1}{4\pi\varepsilon_0}\frac{Qq}{\dfrac{a^2}{2}}$$

$$2q = -Q\left(\sqrt{2}+\frac{1}{2}\right)$$

$$q = -0,957\,Q$$

Damit die Ladungen im Gleichgewicht sind, muss in der Mitte eine negative Ladung von $-0,957\,Q$ angeordnet werden.

9.3 Das elektrische Feld

Der Feldbegriff

Michael Faraday (1791-1867) gelang es, die Fernwirkung zwischen Körpern mit Hilfe des Konzepts des Feldes zu erklären.

Zur Beschreibung des elektrischen Feldes nutzt man Feldlinien. Die Dichte der Feldlinien soll die Stärke symbolisieren, Pfeile zeigen die Richtung des Feldes. Die Feldlinien gehen vereinbarungsgemäß von der positiven Ladung aus.

Die Feldstärke E in einem Punkt P des Raumes ist gegeben durch die Kraft $\mathbf{F}$, die auf die kleine positive Probeladung q wirkt:

$$\mathbf{E} = \frac{\mathbf{F}}{q}$$

Die Probeladung muss deshalb klein sein, damit sie das elektrische Feld nicht wesentlich beeinflusst.

Die Einheit der Feldstärke ist

$$\frac{N}{C} = \frac{V}{m} \qquad \text{Die Einheit V wird später erklärt.}$$

Die Kräfte, die von zwei oder mehreren Ladungen auf die Probeladung ausgeübt werden, überlagern sich ungestört und können vektoriell addiert werden.

$$\mathbf{E} = \mathbf{E}_1 + \mathbf{E}_2 + ... = \frac{1}{4\pi\varepsilon_0}\left(\frac{Q_1}{r_1^2} \cdot \frac{\mathbf{r}_1}{r_1} + \frac{Q_2}{r_2^2} \cdot \frac{\mathbf{r}_2}{r_2} + ...\right)$$

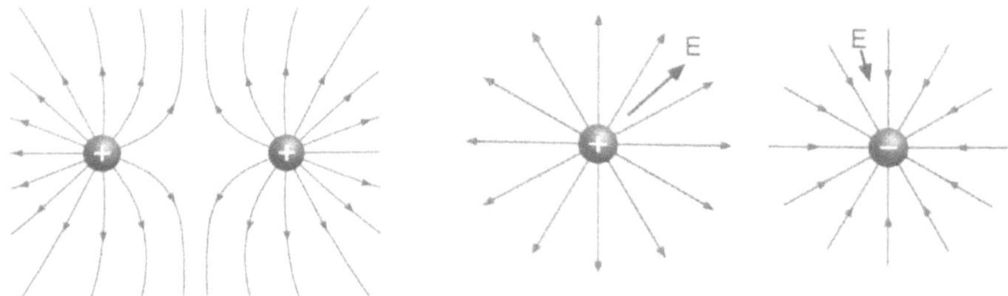

Bild.9.7 *links: Feld zweier gleichnamiger Ladungen, rechts: Feld einer positiven Ladung und Feld einer negativen Ladung,*

Das elektrische **Feld der Erde** beträgt an der Erdoberfläche etwa − 200 N/C.

Im Inneren eines metallischen Körpers liegt ein feldfreier Raum vor, den man auch als **faradayschen Käfig** bezeichnet. Bei äußeren elektrischen Feldern bleibt der innere Bereich infolge der Influenz feldfrei. Deshalb ist man in einem faradayschen Käfig vor elektrostatischen Entladungen (Blitzen) geschützt. Ein Auto oder Flugzeug ist nur näherungsweise ein fardayscher Käfig. In die Fenster kann das äußere Feld eindringen.

Beispiel: Feld mehrerer Punktladungen

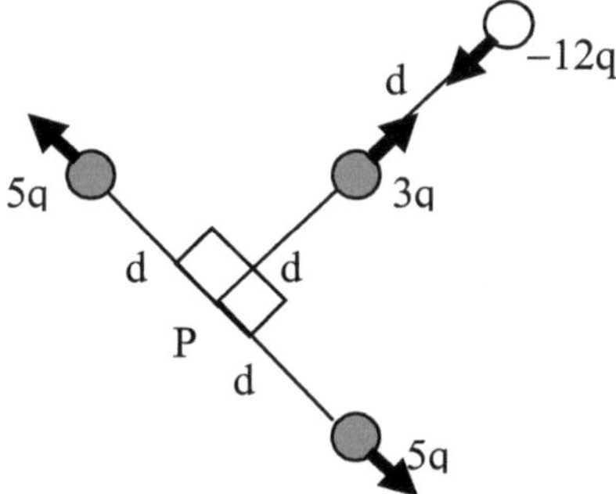

Bild 9.8 *Vier Punktladungen*

Wie groß ist der Betrag der Feldstärke des von den vier Punktladungen erzeugten Feldes im Punkt P?

Die Feldstärken, die von den beiden Ladungen von 5q im Punkt P erzeugt werden, heben sich auf. Für die anderen gilt:

$$E = E_1 + E_2 = \frac{1}{4\pi\varepsilon_0}\left(\frac{3q}{d^2} \cdot + \frac{-12q}{(2d)^2} = 0\right)$$

Die Feldstärke im Punkt P ist Null.

9.4 Bewegungen von Teilchen in elektrischen Feldern

Das elektrische Feld übt eine beschleunigende Kraft aus. Wir können die Beschleunigung berechnen, indem wir die beiden Gleichungen für die Kraft gleichsetzen:

$$\mathbf{F} = m \cdot \mathbf{a} = q \cdot \mathbf{E}$$

Umgestellt nach der Beschleunigung ergibt sich:

$$a = \frac{q \cdot E}{m}$$

Positive Ladungen werden in Feldrichtung und negative entgegengesetzt beschleunigt.

Die Bewegung von geladenen Teilchen im elektrischen Feld kann man sich analog zu der Bewegung von Massen im Gravitationsfeld der Erde vorstellen. Die Gleichungen, mit denen wir die Bewegung von Ladungen im elektrischen Feld beschreiben, haben eine Ähnlichkeit zu den Gleichungen für den waagrechten und senkrechten Wurf.

Bewegung von Teilchen parallel zum Feld

Als Beispiel sehen wir uns den bekannten Versuch zur Bestimmung der Elementarladung an.

Bestimmung der elektrischen Elementarladung durch Millikan (1868-1953).

Millikan nutzte die Gleichheit der Schwerkraft und der elektrostatischen Aufladung eines Öltröpfchens zur Bestimmung der Elementarladung.

Das Elektrische Feld eines Kondensators war vertikal gerichtet. Mit einem Mikroskop beobachtete Millikan Öltröpfchen, die mit Hilfe von Röntgenstrahlung durch Ionisation elektrisch aufgeladen wurden. Er stellte das Feld des Kondensators so ein, dass die auf die Tröpfchen wirkende Kraft der Schwerkraft das Gleichgewicht hielt.

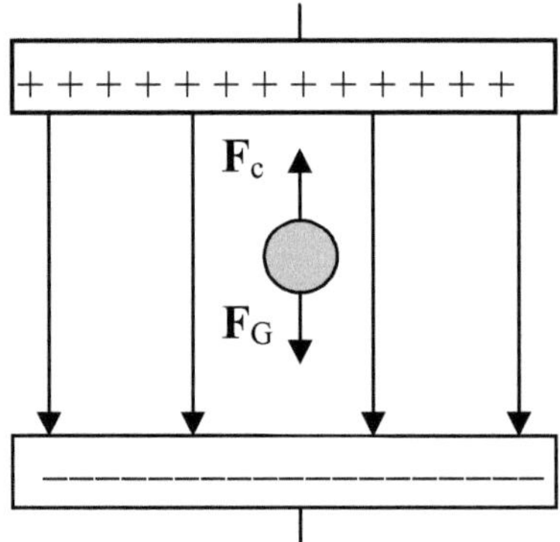

Bild 9.9 *Millikan-Versuch*

134

$$m \cdot \mathbf{g} = -q \cdot \mathbf{E}$$

Damit kann die Ladung q der Tröpfchen berechnet werden. Sie ist stets ein ganzzahliges Vielfaches der Elementarladung $e = -1{,}602 \cdot 10^{-19}$ C.

Geschwindigkeit eines Elektrons in einem elektrischen Feld

Ein Elektron (Masse $m = 9{,}1 \cdot 10^{-31}$ kg) wird in einem gleichförmigen elektrischen Feld $E = 2{,}0 \cdot 10^4$ N/C zwischen zwei parallelen, geladenen Platten beschleunigt.

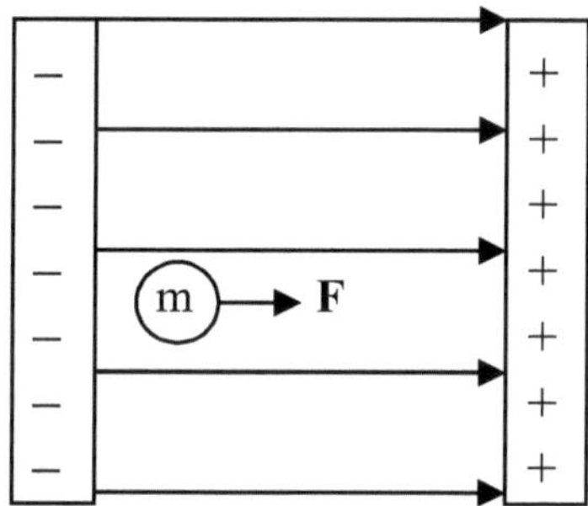

Bild 9.10 *Beschleunigtes Elektron im elektrischen Feld*

Wir wollen die Geschwindigkeit berechnen, mit der es die rechte Platte erreicht. Der Abstand zwischen den Platten beträgt 1,5 cm.

Das Elektron wird aus der Ruhelage in der Nähe der negativen Platte beschleunigt. Der Betrag der Kraft auf das Elektron ist

$$F = q \cdot E \, .$$

Sie ist nach rechts gerichtet.

Der Betrag der Beschleunigung des Elektrons ist

$$a = \frac{F}{m} = \frac{1{,}6 \cdot 10^{-19}\,\mathrm{C} \cdot 2 \cdot 10^4\,\mathrm{N} \cdot \mathrm{C}^{-1}}{9{,}1 \cdot 10^{-31}\,\mathrm{kg}} = 3{,}5 \cdot 10^{15}\,\frac{\mathrm{m}}{\mathrm{s}^2}$$

Das Elektron legt eine Distanz von $x = 1{,}5$ cm $= 1{,}5 \cdot 10^{-2}$ m zurück, bevor es die rechte Platte erreicht.

Für die Geschwindigkeit nehmen wir die kinematische Gleichung:

$$v = \sqrt{2ax} = \sqrt{2 \cdot 3,5 \cdot 10^{15} \, \frac{m}{s^2} \cdot 1,5 \cdot 10^{-2} m} = 1,02 \cdot 10^7 \, \frac{m}{s}$$

Die Geschwindigkeit des Elektrons an der rechten Kondensatorplatte beträgt $1,02 \cdot 10^7$ m/s.

Ersetzt man die linke Platte durch eine Glühwendel und bohrt an der Auftreffstelle in die rechte Platte ein Loch, so erhält man einen einfachen Elektronenbeschleuniger.

Weitere Anwendungen des Prinzips: Fernsehröhre, Elektronenmikroskop

Bewegung von Teilchen senkrecht zum Feld

Ein Elektron bewege sich mit einer Anfangsgeschwindigkeit v_0 in ein homogenes elektrisches Feld hinein, das senkrecht zur Bewegungsrichtung verläuft. Wir wollen die Bewegungsgleichung für seinen Weg durch das elektrische Feld ermitteln.

Beim Eintritt in das Feld hat es in x-Richtung die Geschwindigkeit v_0

Das senkrechte Feld erteilt dem Elektron eine gleichförmige Beschleunigung in y-Richtung mit dem Betrag

$$a_y = F \cdot m = \frac{q \cdot E}{m} = \frac{e \cdot E}{m_e} \, ,$$

wobei wir $q = e$ für das Elektron gesetzt haben.

Die x-Koordinate des Teilchens ist:

$$x(t) = v_0 \cdot t$$

Die Ablenkung in y-Richtung ergibt sich zu:

$$y = \frac{a_y}{2} t^2 = \frac{e \cdot E}{2 \cdot m_e} t^2$$

Eliminieren wir t aus den beiden letzten Gleichungen, so erhalten wir:

$$y = \frac{e \cdot E \cdot x^2}{2 \cdot m_e \cdot v_0^2}$$

Das bedeutet, dass sich das Elektron auf einer Parabelbahn bewegt.

136

Wir haben hier das Prinzip einer Elektronenstrahlröhre vor uns. Als nächstes schauen wir uns diese noch genauer an.

Für die Geschwindigkeit in y-Richtung ergibt sich:

$$v_y = y'(t) = a_y \cdot t = \frac{e \cdot E}{m_e} t$$

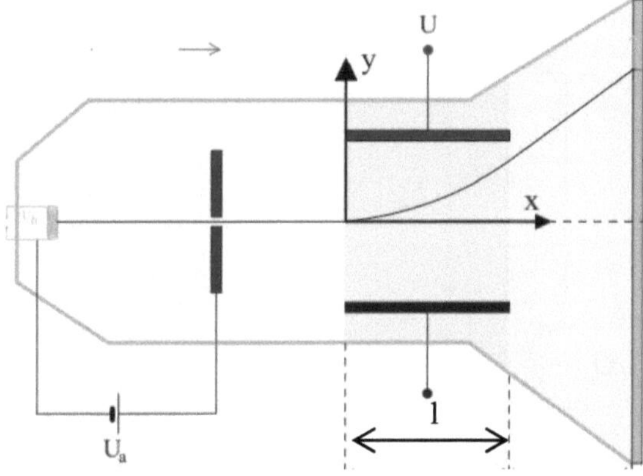

Bild 9.11 *Parabelbahn des Teilchens im elektrischen Feld*

Für den Ablenkwinkel des Elektronenstrahls beim Austritt aus dem elektrischen Feld ergibt sich damit und mit $l = v_0 \cdot t_l$:

$$\tan \alpha = \frac{v_y}{v_x} = \frac{a_y \cdot t_1}{v_0} = \frac{e \cdot E \cdot l}{m_e \cdot v_0^2}$$

Welche Mindestgeschwindigkeit v_0 müssen die Teilchen bei gegebener Feldstärke E, Masse m_e, Ladung e, Plattenlänge l und Plattenabstand d besitzen, damit sie den Plattenbereich gerade noch verlassen können, ohne zuvor die Platte zu treffen?

$$y = d/2 \quad \text{und} \quad x = l$$

$$\frac{d}{2} = \frac{e \cdot E}{2 \cdot m_e \cdot v_{0,min}^2} \cdot l^2 \quad \Rightarrow \quad v_{0,min} = l \cdot \sqrt{\frac{e \cdot E}{m_e \cdot d}}$$

9.5 Elektrische Spannung, Kapazität und potentielle Energie

Spannung

Elektrische Spannungen kennen wir aus vielen Anwendungen im Alltag.

Spannung ist als **Potentialdifferenz** definiert. Das folgende Bild zeigt die Spannung U und als mechanische Analogie einen Höhenunterschied h.

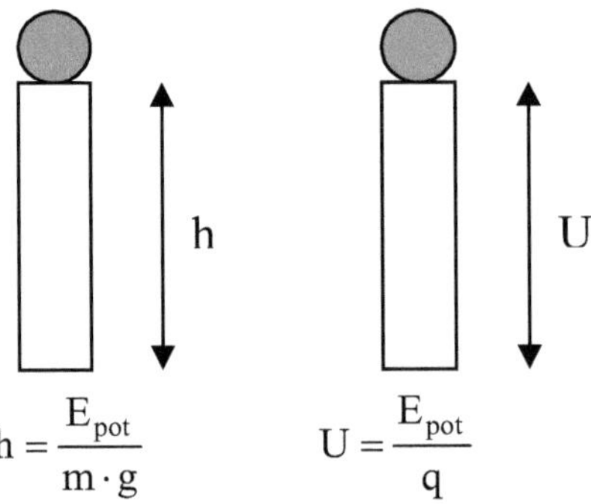

$$h = \frac{E_{pot}}{m \cdot g} \qquad U = \frac{E_{pot}}{q}$$

Bild 9.12 *Spannung und als mechanische Analogie das mechanische Potential, der Höhenunterschied*

Die Einheit der Spannung (engl. *voltage*) wird zu Ehren Alessandro Voltas (1745–1827) **Volt** genannt.

$$1\,V = 1\,\frac{J}{C}.$$

Kondensator

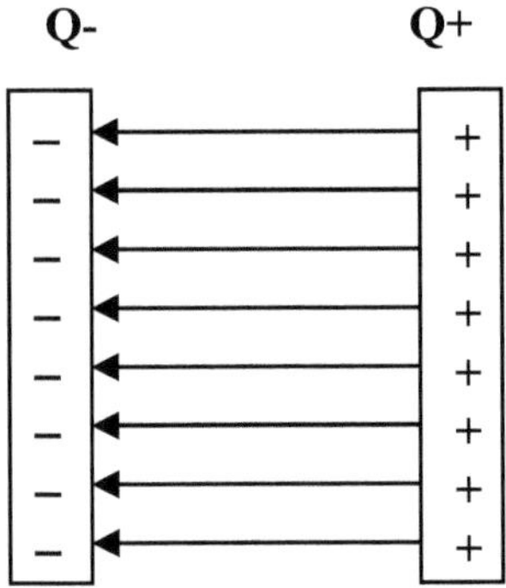

Bild 9.13 *Plattenkondensator*

138

Tragen die Platten eines Kondensators die Ladungen Q+ und Q− und haben sie die Fläche A, so herrscht zwischen den Platten die Feldstärke $\vec{E}$.

Für den Betrag der Feldstärke E gilt, wobei ε_0 die Elektrische Feldkonstante des Vakuums ist und ε die Dielektrizitätskonstante des Materials zwischen den Platten:

$$E = \frac{Q}{\varepsilon \varepsilon_0 A}$$

Die Spannung zwischen den geladenen Platten ist durch das Skalarprodukt aus Feldstärke **E** und Plattenabstand **s** gegeben:

$$U = \mathbf{E} \cdot \mathbf{s} = \frac{Q}{\varepsilon \varepsilon_0} \frac{s}{A} \quad \text{oder}$$

$$C = \frac{Q}{U} = \varepsilon \varepsilon_0 \frac{A}{s}$$

Die Größe C heißt **Kapazität.**
Ein Kondensator ist ein passives elektrisches Bauelement mit der Fähigkeit, in einem Gleichstromkreis elektrische Ladung zu speichern. Die Kapazität des Kondenstors ist proportional zur Größe der Platten A und umgekehrt proportional zum Abstand der Platten s.
Bringt man zwischen die Platten anstelle von Luft oder Vakuum ein nichtleitendes Material, wie Papier oder Kunststoff, so kann man höhere Kapazitäten erzielen. Dieses Material bezeichnet man als **Dielektrikum.**

Die Maßeinheit der Kapazität ist Coulomb pro Volt, für das es die Abkürzung Farad F gibt.

$$[C] = \frac{C}{V} = F$$

Die elektrische Ladung Q steht mit der SI-Einheit für den Strom in folgendem Zusammenhang. Der zeitliche Ladungsträgertransport entspricht dem Strom I mit der Maßeinheit A (Ampere), benannt nach dem französischen Mathematiker und Physiker André Ampère (1775–1836).

$$I = \frac{Q}{t} \qquad [I] = \frac{[Q]}{[t]} = \frac{C}{s} = \frac{As}{s} = A$$

Rechenbeispiel Kondensator

Ein Kondensator mit kreisförmigen Platten wird 10^{-5} s lang geladen. Die mittlere Ladestromstärke I betrage 8 mA, der Plattenabstand 4 mm und der Plattenradius r = 12 cm.

Wie groß ist nach Beendigung des Ladevorgangs die elektrische Feldstärke im Plattenkondensator? Welche Spannung besteht zwischen den Platten?

$$Q = I \cdot t = 8\,\text{mA} \cdot 10^{-5}\,\text{s} = 8 \cdot 10^{-8}\,\text{C}$$

$$A = \pi \cdot r^2 = \pi \cdot (12\,\text{cm})^2 = 452{,}4\,\text{cm}^2$$

$$C = \frac{\varepsilon_0 \cdot A}{d} = 8{,}85 \cdot 10^{-12}\,\frac{\text{C}}{\text{Vm}}\,\frac{452{,}4\,\text{cm}^2}{0{,}4\,\text{cm}} = 10009 \cdot 10^{-12}\,\frac{\text{C cm}}{\text{Vm}}$$

$$C = 1 \cdot 10^{-10}\,\frac{\text{C}}{\text{V}} = 100\,\text{pF}$$

$$U = \frac{Q}{C} = \frac{8 \cdot 10^{-8}\,\text{C}}{1 \cdot 10^{-10}\,\text{C}/\text{V}} = 800\,\text{V}$$

$$E = \frac{U}{d} = \frac{800\,\text{V}}{4 \cdot 10^{-3}\,\text{m}} = 2 \cdot 10^5\,\frac{\text{V}}{\text{m}}$$

Die Feldstärke beträgt 200 kV/m und die Spannung 800 V.

Kondensatoren in Reihen- und Parallelschaltungen

Wenn Kondensatoren **parallel** in einem Stromkreis geschaltet werden, ist die resultierende Gesamtkapazität gleich der Summe der einzelnen Kapazitäten:

$$C_{ges} = C_1 + C_2 + \ldots + C_n.$$

Wenn Kondensatoren **in Reihe** geschaltet werden, ist die reziproke Gesamtkapazität gleich der Summe der reziproken Einzelkapazitäten:

$$\frac{1}{C_{ges}} = \frac{1}{C_1} + \frac{1}{C_2} + \ldots + \frac{1}{C_n}$$

Beispiel Reihenschaltung von zwei Kondensatoren

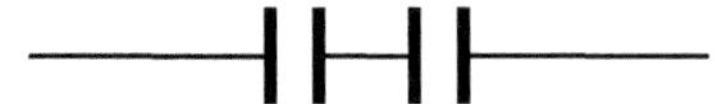

Wie groß ist die Kapazität von zwei Kondensatoren, die beide eine Kapazität von 5 pF haben?

$$\frac{1}{C_{ges}} = \frac{1}{C_1} + \frac{1}{C_2} = \frac{1}{5\,pF} + \frac{1}{5\,pF} = 0,4\,\frac{1}{pF}$$

$$C_{ges} = 2,5\,pF$$

Die Gesamtkapazität beträgt 2,5 pF.

Die Energie-Einheit Elektronenvolt

Wir berechnen die Geschwindigkeit, die ein Elektron besitzt, wenn es die Spannung von 1,00 V durchlaufen hat. Wir gehen aus von

$$v^2 = 2 \cdot a_x \cdot x$$

mit

$$a_x = \frac{|q|}{m} \cdot E \quad \text{und } E = \frac{U}{d} \Rightarrow \quad v^2 = 2\,\frac{|q|}{m} \cdot U \Rightarrow$$

$$|v| = \sqrt{2\,\frac{q}{m}\,U} = \sqrt{2\,\frac{1,602 \cdot 10^{-19}\,C}{9,109 \cdot 10^{-31}\,kg}\,1,00\,V} = 5,93 \cdot 10^5\,\frac{m}{s}$$

Die kinetische Energie des Elektrons beträgt

$$E_{kin} = \frac{1}{2}mv^2 = \frac{1}{2}\,9,109\,kg \cdot 10^{-31}\left(5,93 \cdot 10^5\,\frac{m}{s}\right)^2 = 1,60 \cdot 10^{-19}\,J$$

Das Ergebnis stellt die Energieeinheit Elektronenvolt dar, eine sehr kleine Energieeinheit, die in der Atomphysik verwendet wird.

Durchläuft ein Teilchen, das eine Elementarladung e trägt, die Spannung von 1 Volt, so verrichtet das elektrische Feld an diesem Teilchen eine Arbeit von

$$\mathbf{1\ eV = 1,6 \cdot 10^{-19}\ J.}$$

Potentielle Energie zweier Punktladungen

Die Arbeit W, die verrichtet werden muss, um die Testladung q der geladenen Kugel Q anzunähern, ergibt sich aus dem Produkt von Coulombkraft und Weg:

$$W_{pot} = F_C \cdot r = \frac{1}{4\pi\varepsilon_0\varepsilon} \frac{Q \cdot q}{r^2} \cdot r = \frac{1}{4\pi\varepsilon_0\varepsilon} \frac{Q \cdot q}{r}$$

Bei ungleichnamigen Ladungen wird die Arbeit negativ.

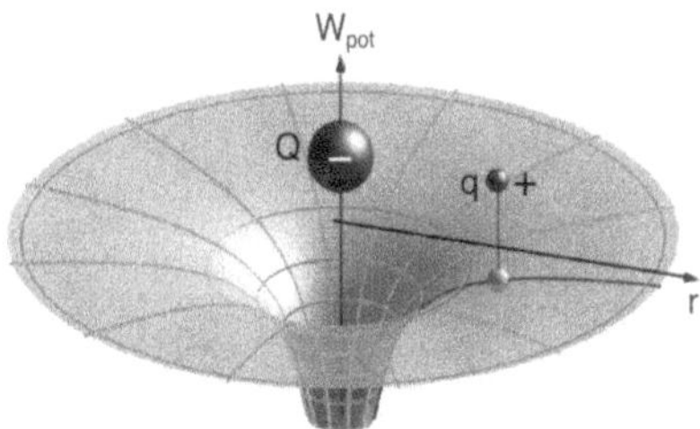

Bild 9.14 *Potentielle Energie ungleichnamiger Ladungen (Wpot < 0)*

9.6 Anwendungsbeispiel Tintenstrahldrucker (Abitur Bayern)

Bei einer Variante des Tintenstrahldruckverfahrens erzeugt ein Tröpfchengenerator mit einem Piezoelement kugelförmige Tintentröpfchen mit der Dichte $\rho = 1{,}1 \cdot 10^3$ kg/m^3, Radius 20 μm und der Geschwindigkeit $v_0 = 17$ m/s.

Zwischen Düse und Ringelektrode liegt eine Spannung $U_L = 200$ V.
Beim Ablösen von der Düse erhalten die elektrisch leitenden Tröpfchen eine positive Ladung $q = 4{,}5 \cdot 10^{-13}$ As.

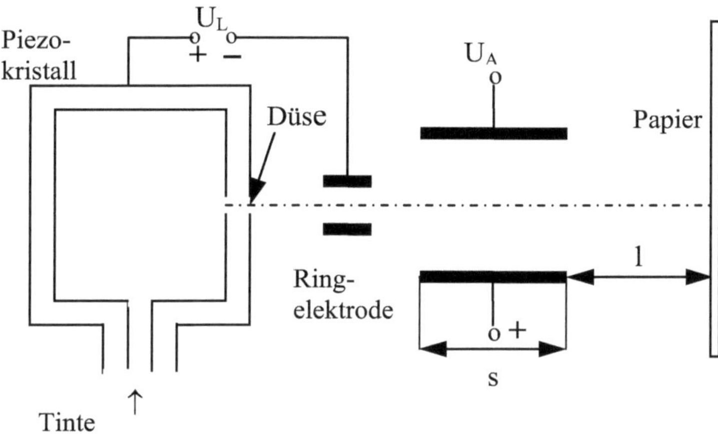

Bild 9.15 *Prinzip Tintenstrahldrucker*

a) Erklären Sie anhand einer Skizze, warum die Tröpfchenladung von U_L abhängt.

b) Zeigen Sie, dass sich die kinetische Energie der Tröpfchen durch die Beschleunigung zwischen Düse und Ringelektrode nur unwesentlich ändert. Berechnen Sie dazu die relative Änderung der kinetischen Energie.

Nach der Ringelektrode treten die Tröpfchen in das homogene elektrische Querfeld eines Ablenkkondensators (Plattenabstand d = 8,0 mm, Länge s = 2,0 cm) ein, an dessen Platten eine zwischen 0 und 3 kV einstellbare Spannung U_A liegt.

Für die Flugbahnbestimmung wird ein Koordinatensystem eingeführt:

Die x-Achse zeige in Richtung der unabgelenkten Tröpfchen, die y-Achse vertikal nach oben, der Ursprung liege beim Eintritt in das Ablenkfeld des Kondensators. Vereinfachend soll dessen Feld als homogen und auf den Innenraum beschränkt angesehen werden.

c) Berechnen Sie zunächst die Querbeschleunigung a_y für ein Tröpfchen im Ablenkkondensator.
[zur Kontrolle: $a_y = 4{,}6 \cdot 10^3$ m/s^2]

d) Beschreiben und skizzieren Sie die Bahn der Tröpfchen vom Koordinatenursprung bis zum Auftreffpunkt P auf dem Papier und zeigen Sie, dass bei maximaler Spannung U_A für die y-Koordinate von P gilt:

$$y_p = \frac{a_y s}{v_0^2}\left(\frac{s}{2}+1\right)$$

e) Wie groß muss der Abstand l sein, damit die maximale Buchstabengröße 9,0 mm beträgt?

f) Berechnen Sie die vertikale Ablenkung der Tröpfchen durch Gravitation bei einer waagrechten Flugweite von 6,0 cm. Erläutern Sie, ob und gegebenenfalls wie sich diese Ablenkung auf die Schriftqualität auswirkt.

Lösung

a) Mit zunehmender Spannung U_L wächst die Stärke des elektrischen Feldes zwischen Düse und Ringelektrode und damit die Aufladung des Tropfens.

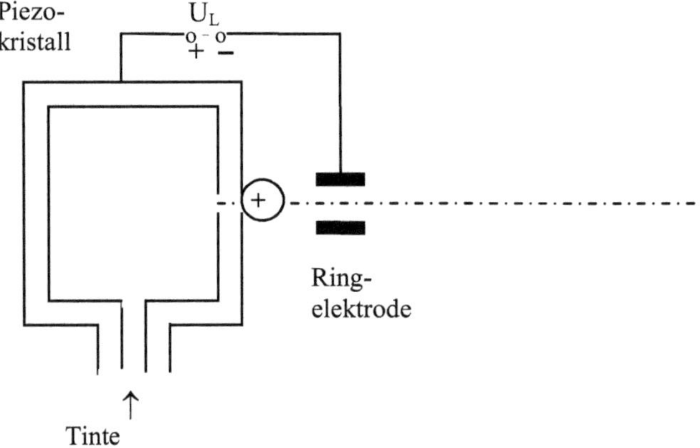

Bild 9.16 *Ladung des Tröpfchens wächst mit zunehmender Spannung*

144

b) Das maximal aufgeladene Tröpfchen durchläuft höchstens die Spannung $U_L = 200\,V$.

Somit gilt für die Zunahme der kinetischen Energie:

$$\Delta E_{kin} \leq q \cdot U_L$$

$$\Delta E_{kin} \leq 4,5 \cdot 10^{-13}\,As \cdot 200\,V = 9,0 \cdot 10^{-11}\,J$$

Die anfängliche kinetische Energie ist:

$$E_{kin} = \frac{1}{2}\, m \cdot v^2$$

Mit

$$m = \rho \cdot V = \rho \cdot \frac{4}{3} r^3 \pi = 1,1 \cdot 10^3\,\frac{kg}{m^3}\,\frac{4}{3} \left(20 \cdot 10^{-6}\,m\right)^3 \pi = 3,686 \cdot 10^{-11}\,kg \quad \Rightarrow$$

$$E_{kin} = \frac{1}{2}\, 3,686 \cdot 10^{-11}\,kg \left(17\,\frac{m}{s}\right)^2 = 5,33 \cdot 10^{-9}\,J$$

Die prozentuale Zunahme der kinetischen Energie ist also:

$$\frac{\Delta E_{kin}}{E_{kin}} \leq \frac{9,0 \cdot 10^{-11}}{5,33 \cdot 19^{-9}} = 1,7\,\%$$

c) Anwendung des Newtonschen Gesetzes ergibt die Beschleunigung:

$$a_y = \frac{F_y}{m} = \frac{q \cdot U_A}{m \cdot d} = \frac{4,5 \cdot 10^{-13}\,As \cdot 3,0 \cdot 10^3\,V \cdot}{3,69 \cdot 10^{-11}\,kg \cdot 8,0 \cdot 10^{-3}\,m} = 4,6 \cdot 10^3\,\frac{m}{s^2}$$

d) Im ersten Teil der Bahnkurve (Parabel) gilt

$$x = v_0 \cdot t \qquad\qquad y = \frac{1}{2} a_y t^2 = \frac{a_y \cdot x^2}{2 \cdot v_0^2} = \frac{a_y \cdot s^2}{2 \cdot v_0^2} \qquad (*)$$

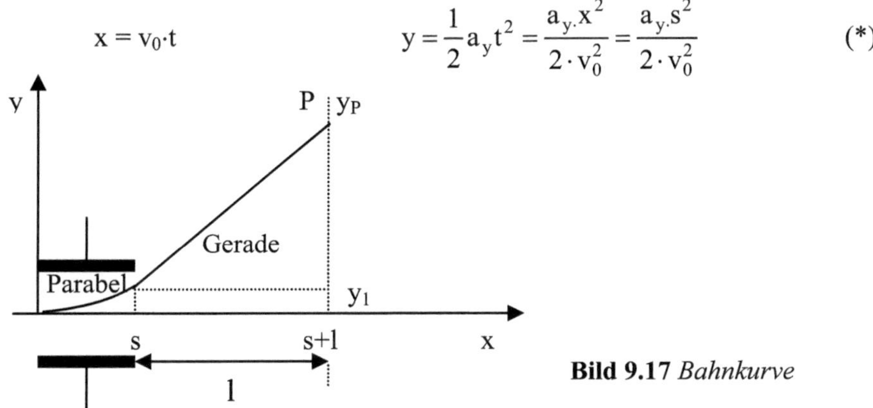

Bild 9.17 *Bahnkurve*

Im zweiten Teil der Bahnkurve (Gerade) gilt:

$$\tan \alpha = \frac{y_p - y_1}{l}$$

$\tan \alpha$ lässt sich aus der Steigung der Parabel bei $x = s$ berechnen:

$$y'(s) = \tan \alpha$$

$$y'(s) = \frac{a_y \cdot s}{v_0^2}$$

Damit erhalten wir:

$$\frac{y_P - y_1}{l} = \frac{a_y \cdot s}{v_0^2} \quad \Rightarrow \quad y_P = \frac{a_y \cdot s}{v_0^2} l + y_1$$

Mit (*) ergibt sich:

$$y_P = \frac{a_y \cdot s}{v_0^2} l + \frac{a_y \cdot s^2}{2 v_0^2} = \frac{a_y \cdot s}{v_0^2}\left(1 + \frac{s}{2}\right)$$

e) Damit ein 9,0 mm großer Buchstabe geschrieben werden kann, muss $y_p = 9{,}0$ mm sein.

$$y_P = \frac{a_y \cdot s}{v_0^2}\cdot\left(1 + \frac{s}{2}\right) \quad \Rightarrow \quad 1 + \frac{s}{2} = \frac{y_P \cdot v_0^2}{a_y \cdot s} \quad \Rightarrow \quad 1 = \frac{y_P \cdot v_0^2}{a_y \cdot s} - \frac{s}{2}$$

$$l = \frac{9{,}0\cdot 10^{-3}\,\text{m}\cdot 17^2\,\text{m}^2\cdot\text{s}^{-2}}{4{,}6\cdot 10^3\,\text{m}\cdot\text{s}^{-2}\cdot 2{,}0\cdot 10^{-2}\,\text{m}} - \frac{2{,}0\cdot 10^{-2}}{2}\,\text{m} = 0{,}028\,\text{m} - 0{,}01\,\text{m} = 1{,}8\,\text{cm}$$

Der Abstand l muss 1,8 cm betragen.

f)
$$h = \frac{g}{2}t^2 = \frac{g}{2}\left(\frac{\Delta x}{v_0}\right)^2 = \frac{9{,}81\,\text{m}}{2\,\text{s}^2}\left(\frac{0{,}06\,\text{m}}{17\,\text{m}}\cdot\text{s}\right)^2 = 6{,}1\cdot 10^{-5}\,\text{m}$$

Die Ablenkung durch Gravitation ist somit sehr gering und wirkt sich praktisch nicht auf die Schriftqualität aus.

9.7 Aufgaben zur Elektrostatik

1.

Ermitteln Sie Richtung und Betrag eines elektrischen Feldes, das von der darge-stellten Anordnung aus drei gleichen Ladungen Q = 10 µC im Punkt P erzeugt wird (a=10 cm), die alle drei den gleichen Abstand von P haben.

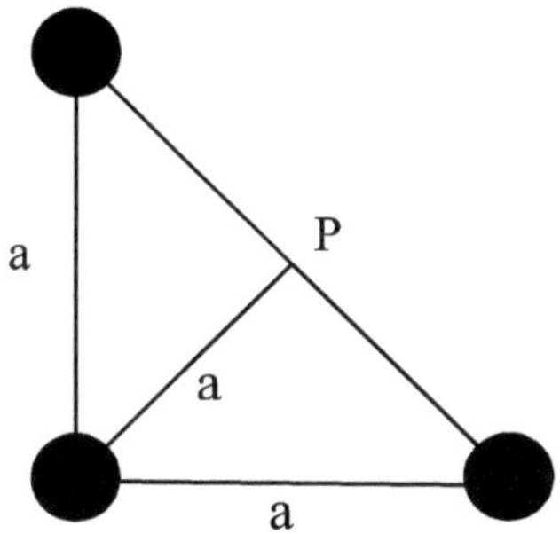

2.

Ein Elektron bewegt sich aus der Ruhe von der negativen zur positiven Platte im homogenen Feld eines Plattenkondensators. Die Feldstärke im Kondensator beträgt $E = 2,5 \cdot 10^4$ N/C und der Plattenabstand d = 0,9 cm.
Berechnen Sie die Beschleunigung des Elektrons und die Geschwindigkeit des Elektrons beim Aufprall auf die positive Platte.

3.

Ein Wattestück hat eine Masse von 0,02 g und eine Ladung von 0,1 nC. Wie stark ist das Feld, in dem das Wattestück schwebt?

4.

Berechnen sie die elektrische Feldstärke im Inneren eines Kondensators mit dem Plattenabstand d = 10 cm und einer Spannung von 2 kV zwischen den Plat-ten. Wie muss d verändert werden, damit sich die Feldstärke verdoppelt?

5.

Ein Elektron bewegt sich mit einer Geschwindigkeit $v_0 = 1,0 \cdot 10^7$ m/s in ein räumlich homogenes elektrischen Feld **E** hinein, das senkrecht zur Bewegungs-richtung verläuft.
Ermitteln Sie eine Bewegungsgleichung für seinen Weg durch das elektrische Feld. Vernachlässigen Sie die Gravitation.

6.

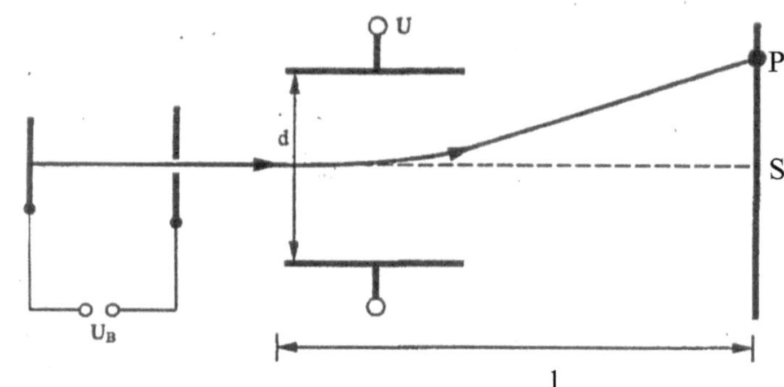

In einer Vakuumröhre werden Elektronen von der Beschleunigungsspannung U_B beschleunigt. Der Elektronenstrahl tritt dann in einen Plattenkondensator ein und erzeugt einen Leuchtfleck auf einem Schirm S.

Geben Sie die Polarität der Spannung U und die Richtung des elektrischen Feldes an, wenn der Strahl im Punkt P auf den Schirm treffen soll.

Berechnen Sie die Zeit für das Durchlaufen der Strecke $l = 30$ cm bei einer Beschleunigungsspannung von $U_B = 300$ V.

7.

Berechnen Sie die Kapazität eines Kondensators, der die folgende Schaltung ersetzen könnte, wenn alle Kondensatoren eine Kapazität von 2 pF besitzen.

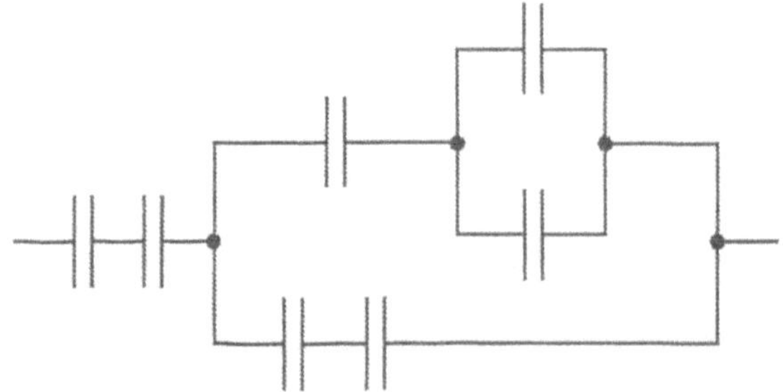

8.

Zwei positive Punktladungen $Q_1 = 50$ µC und $Q_2 = 2$ µC sind durch einen Abstand l voneinander getrennt. Welche Kraft ist größer, die von Q_1 auf Q_2 ausgeübte oder die von Q_2 auf Q_1 ausgeübte?

9.

Ein Plattenkondensator mit einer Plattenfläche $A = 2,5$ cm² und einem Plattenabstand $d = 3,0$ mm ist an eine 45-V-Batterie angeschlossen.
Bestimmen Sie die Ladung, das elektrische Feld und die Kapazität des Kondensators.

10 Gleichstromkreis

10.1 Gleichstrom

Bis zum Jahre 1800 kannte man nur durch Reibung erzeugte Ladungen. Die damals üblichen Elektrisiermaschinen lieferten zwar hohe Spannungen, aber die Spannungen entluden sich in Sekundenbruchteilen.

Alessandro Volta (1745–1827) stellte die erste Batterie her und gewann damit einen berühmten wissenschaftlichen Streit mit Luigi Galvani (1737–1798), Professor an der Universität von Bologna. Galvani hatte mit Froschschenkeln experimentiert und glaubte, dass diese die Quelle der Ladungen seien.

Volta legte speziell angefeuchteten Stoff zwischen eine Zink- und eine Silberscheibe und stapelte eine „Batterie" solcher Anordnungen. Mit dieser „Batterie" produzierte er erstmals einen kontinuierlich fließenden elektrischen Strom.

Als **Gleichstrom** (englisch *direct current*, abgekürzt *DC*) wird elektrischer Strom bezeichnet, der zeitlich konstant ist.

Fast alle elektronischen Geräte im Haushalt, wie Radio- Fernsehempfänger und Computer benötigen Gleichstrom. Aber auch in der Energietechnik werden teilweise Gleichströme eingesetzt und zum Beispiel bei Zäunen um Tiergehege.

In Solaranlagen wird zunächst Gleichstrom erzeugt und es wäre denkbar, diesen direkt zu verwenden ohne ihn zwischendurch in Wechselstrom umzuwandeln. Einigen Geräte, wie z. B. Campingkühlschränke, arbeiten mit solar erzeugtem Gleichstrom.

Als Einheit des Stromes I wurde eine SI-Basis-Einheit eingeführt, das Ampere.

$$[I] = 1 \text{ A}$$

Ein **Ampere** entspricht einem Strom von 1 C pro s, d. h. von $6{,}24151 \cdot 10^{18}$ Elementarladungen pro Sekunde. Das ist eine Definition, die seit Mai 2019 gilt. 1948 wurde 1 A als die Stärke eines Stromes durch zwei parallele lange Leiter definiert, die im Abstand von 1 m eine Kraft von $0.2 \cdot 10^{-6}$ N je Meter aufeinander ausüben.

Zusammenhang zwischen Ladung und Strom

Die Größe des Stromes I ist definiert als die Ladung Q pro Zeit.

$$I = \frac{Q}{t}$$

Geschwindigkeit des Stromes

Die in der Zeit t transportierte Ladung Q ergibt sich aus der Multiplikation der Ladungsträgerdichte n mit dem Volumen V und der Elementarladung e. Das Volumen kann aus Leiterquerschnitt A und Weg s berechnet werden.

$$Q = n \cdot V \cdot e = n \cdot A \cdot s \cdot e = n \cdot A \cdot v \cdot t \cdot e \quad \Rightarrow$$

$$v = \frac{Q}{n \cdot A \cdot t \cdot e \cdot} = \frac{I}{n \cdot A \cdot e}$$

Bei den meisten Metallen gilt für die Ladungsträgerdichte der Näherungswert: $n = 10^{23} \, cm^{-3}$.

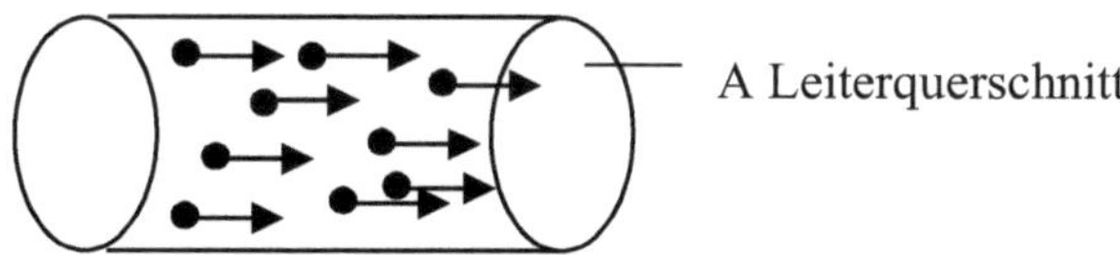

A Leiterquerschnitt

Bild 10.1 *Bewegung der Elektronen in einem Strom durchflossenen Leiter*

Beispiel

In einem Leiter der Querschnittsfläche $A = 1 \, mm^2$ fließt ein Strom von $I = 10 \, A$. Wie groß ist die resultierende Geschwindigkeit v der Elektronen?

Die Geschwindigkeit v der Elektronen ergibt sich zu:

$$v = \frac{I}{e \cdot n \cdot A} = \frac{10 \, A}{1{,}602 \cdot 10^{-19} \, As \cdot 10^{23} \, cm^{-3} \, (0{,}1 \, cm)^2} = 0{,}624 \frac{mm}{s}$$

Man erkennt, dass sich die einzelnen Elektronen sehr langsam bewegen. Dieses Ergebnis erstaunt auf den ersten Blick und scheint der Erfahrung beim Einschalten des Stromes zu widersprechen. Man muss aber bedenken, dass sich die Elektronen fast gleichzeitig in Bewegung setzen. Insgesamt sind die Elektronen mit Lichtgeschwindigkeit unterwegs.

Richtung des Stromes

In einem metallischen Leiter sind viele freie Elektronen enthalten. Wenn ein leitender Draht mit den Klemmen einer Batterie verbunden ist, fließen daher in diesem Draht negativ geladene Elektronen zum Pluspol.

Als vor ca. 200 Jahren die Konventionen für positive und negative Ladungen festgelegt wurden, nahm man an, dass in einem Draht positive Ladung fließt. Auch heute wird die historische Konvention des positiven Stroms noch verwendet, wir sprechen von technischer Stromrichtung. Die physikalische Stromrichtung, die Richtung des Elektronenstroms, ist der technischen entgegengesetzt.

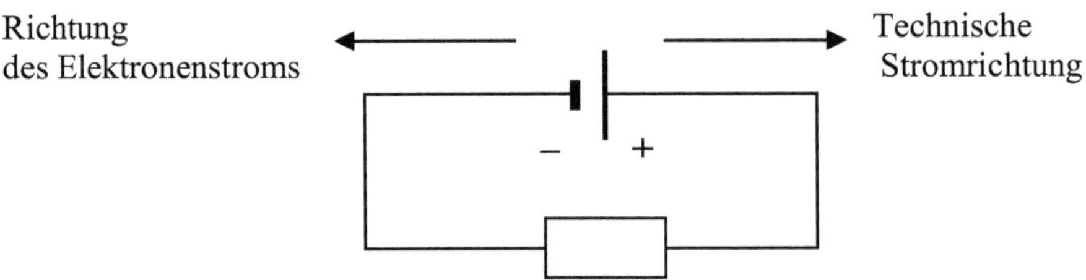

Bild 10.2 *Physikalische und technische Stromrichtung*

10.2 Ohmscher Widerstand und Ohmsches Gesetz

Das Ohmsche Gesetz besagt, dass die Stromstärke I in einem Leiter und die Spannung U zwischen den Enden des Leiters direkt proportional sind. Die als Quotient aus Spannung und Stromstärke ermittelte Konstante wird als elektrischer Widerstand bezeichnet.

$$R = \frac{U}{I}$$

Für die Maßeinheit des Ohmschen Widerstandes ergibt sich Volt/Ampere. Diese Maßeinheit wird zu Ehren des Physikers Ohm (1787–1854) mit Ohm Ω bezeichnet.

$$\frac{V}{A} = \Omega$$

Beispiel

Die Glühlampe einer Taschenlampe zieht aus einer 1,5-V-Batterie 300 mA. Wie groß ist der Widerstand der Glühlampe?

$$R = \frac{U}{I} = \frac{1{,}5\,\text{V}}{0{,}3\,\text{A}} = 5\,\Omega$$

Der Widerstand der Taschenlampe beträgt 5 Ω.

Spezifischer Widerstand ρ

Der Widerstand eines Leiters kann aus Länge l, Leiterquerschnitt A und dem spezifischen Widerstand ρ berechnet werden.

$$R = \frac{\rho \cdot l}{A}$$

Der spezifische Widerstand ρ kann Tabellen entnommen werden.

Den geringsten spezifischen elektrischen Widerstand hat Silber. Silber ist damit der beste elektrische Leiter. Der Wert von Kupfer ist nur wenig größer, aber da dieses Metall viel billiger ist, werden die meisten Kabel aus Kupfer gefertigt. Oft wird auch Aluminium verwendet. Aluminium hat zwar einen größeren spezifischen elektrischen Widerstand als Kupfer, ist aber wegen seiner geringen Dichte für manche Anwendungen besser geeignet.

Beispiel

Wir wollen an einer Stereoanlage Lautsprecher anschließen. Jedes Kabel 20 m lang. Welchen Durchmesser muss dann der verwendete Kupferdraht haben, damit der Widerstand für jedes Kabel 0,10 Ω ist?

Wir stellen die Gleichung nach dem Querschnitt A um.

$$R = \frac{\rho \cdot l}{A} \quad \Rightarrow$$

$$A = \frac{\rho \cdot l}{R} = \frac{0{,}0172 \cdot \Omega\text{mm}^2 \cdot 20\,\text{m}}{\text{m} \cdot 0{,}1\,\Omega} = 3{,}44\,\text{mm}^2$$

Für die Querschnittsfläche eines runden Kabels mit dem Durchmesser d gilt

$$A = \frac{\pi \cdot d^2}{4} \quad \Rightarrow d = \sqrt{\frac{4A}{\pi}} = \sqrt{\frac{4 \cdot 3{,}44\,\text{mm}^2}{\pi}} = 2{,}1\,\text{mm}$$

Der Durchmesser muss deshalb 2,1 mm sein.

Der Ohmsche Widerstand ist temperaturabhängig. Man nutzt ihn deshalb in elektrischen Thermometern.

Einfacher Gleichstromkreis

Ein einfacher Gleichstromkreis besteht aus einer Stromquelle E, die einen Innenwiderstand R_i besitzt und einem Verbraucher. Der Verbraucher kann ein Gerät oder eine Lampe sein, die den äußeren Widerstand R_K des Stromkreises darstellt.

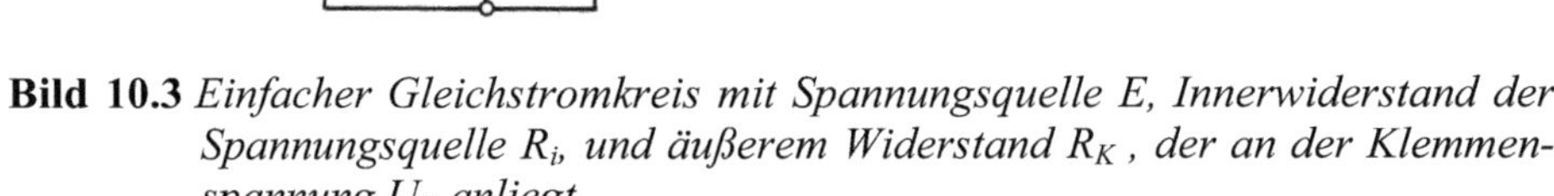

Bild 10.3 *Einfacher Gleichstromkreis mit Spannungsquelle E, Innerwiderstand der Spannungsquelle R_i, und äußerem Widerstand R_K, der an der Klemmenspannung U_K anliegt.*

Innenwiderstand der Spannungsquelle

Jede Spannungsquelle hat einen physikalischen oder chemischen Innenwiderstand R_i. Er beeinflusst den Spannungswert, welcher der Spannungsquelle wirklich entnehmbar ist. Bei Primärelementen ist der Innenwiderstand hauptsächlich vom Zustand des Elektrolyten abhängig. Nimmt die Konzentration im Laufe der Betriebsdauer ab, so wird der Innenwiderstand größer.

Berechnung des Innenwiderstandes

Der Innenwiderstand wird häufig auch als Ausgangswiderstand oder Quellwiderstand bezeichnet. Er lässt sich aus Quellenspannung E und Kurzschlussstrom I_K berechnen.

$$R_i = \frac{E}{I_K}$$

Klemmenspannung U_K

Bei Belastung einer Spannungsquelle mit einem Verbraucher stellt sich eine kleinere Ausgangsspannung, die Klemmenspannung U_K, ein. Ein Teil der Quellenspannung fällt am Innenwiderstand der Spannungsquelle ab.

Die Quellenspannung E reduziert sich durch die Belastung auf die Klemmenspannung U_K.

$$U_K = E - U_{Ri}$$

Soll die Klemmenspannung möglichst der Quellenspannung entsprechen, so muss der Innenwiderstand der Spannungsquelle möglichst gering sein.

Der Strom I, durch die Quellenspannung E verursacht, fließt durch den Innenwiderstand R_i und den äußeren Widerstand R_K.

$$I = \frac{E}{R_i + R_K}$$

Der **Kurzschlussstrom I_K** ergibt sich zu

$$I_K = \frac{E}{R_i}$$

Durch den, in der Regel, sehr kleinen Innenwiderstand einer Spannungsquelle entwickelt sich ein sehr großer Kurzschlussstrom I_K.

Batterien in Reihen- und Parallelschaltung -Aufladen einer Batterie

Werden zwei oder mehrere Spannungsquellen in Reihe geschaltet, dann ist die resultierende Gesamtspannung die Summe der Einzelspannungen.

$$U_{ges} = U_1 + U_2 + \ldots + U_n$$

Wenn man aber z.B. eine 20-V-Batterie und eine 12-V-Batterie so verbindet, dass gleichnamige Pole miteinander verbunden werden, ist die Gesamtspannung 8 V:

$$U_{ges} = 20\ V + (-\ 12V) = 8\ V$$

Eine solche Anordnung entspricht der eines Batterieladegerätes. Aufgrund ihrer größeren Spannung führt die 20-V-Quelle Ladung zurück in die 12-V-Batterie.

Spannungsquellen können auch parallel geschaltet werden. Eine parallele Anordnung wird nicht verwendet um die Spannung zu erhöhen, sondern um mehr Energie zu liefern.

10.3 Reihen- und Parallelschaltung von Widerständen

Reihenschaltung

Schaltet man mehrere Widerstände in einer Reihe in den Stromkreis, so erhält man eine Reihenschaltung. Der Widerstand mehrerer in Reihe geschalteter Einzelmiederstände R_i summiert sich zum Gesamtwiderstand R_{ges}.

Beispiel:

Für den Gesamtwiderstand ergibt sich:

$$R_{ges} = R_1 + R_2 + R_3$$

Widerstände liegen in Reihe, wenn sie vom selben Strom durchflossen werden.

Parallelschaltung

Schaltet man Widerstande so zusammen, dass sie an derselben Spannung liegen, so spricht man von einer Parallelschaltung der Widerstände. In einer Parallelschaltung werden die Kehrwerte der Widerstände, d. h. die Leitwerte addiert.

Beispiel 1: Drei Widerstände in Parallelschaltung

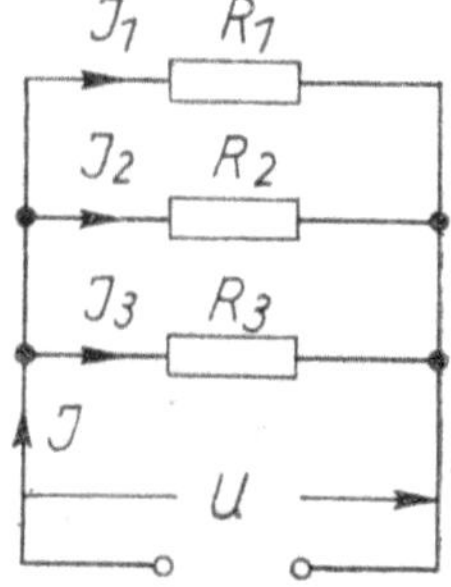

Bild 10.4 *Drei Widerstände in Parallelschaltung*

Für den Gesamtwiderstand ergibt sich:

$$\frac{1}{R_{ges}} = \frac{1}{R_1} + \frac{1}{R_2} + \frac{1}{R_3}$$

Wir nehmen an, dass $R_1 = R_2 = R_3 = 2\ \Omega$.

156

$$\frac{1}{R_{ges}} = \frac{1}{2\,\Omega} + \frac{1}{2\,\Omega} + \frac{1}{2\,\Omega} = \frac{3}{2\,\Omega}$$

$$R_{ges} = 0{,}67\,\Omega$$

Dann erhalten wir für den Gesamtwiderstand 0,67 Ω. Man sieht, dass der Gesamtwidertand kleiner ist als ein einzelner der Widerstände.

Beispiel 2

Zwei Widerstände haben in Reihenschaltung einen Gesamtwiderstand von 50 Ω. Schaltet man die beiden Widerstände parallel, so haben sie einen Gesamtwiderstand von 12 Ω. Wie groß sind die beiden Widerstände?

Parallelschaltung: $\dfrac{1}{R_{ges}} = \dfrac{1}{R_1} + \dfrac{1}{R_2} \Rightarrow R_{ges} = \dfrac{R_1 \cdot R_2}{R_1 + R_2} = 12\,\Omega$

Reihenschaltung: $R_{ges} = R_1 + R_2 = 50\,\Omega$

Wir stellen die 2. Gleichung um und erhalten:

$$R_1 = 50\,\Omega - R_2$$

Setzen wir diese Gleichung in die erste ein, so ergibt sich:

$$\frac{\left(50\,\Omega - R_2\right)\cdot R_2}{50\,\Omega} = 12\,\Omega$$

Nun haben wir eine quadratische Gleichung für R_2.

$$R_2^2 - 50\,\Omega \cdot R_2 + 600\,\Omega^2 = 0$$

Wir lösen diese Gleichung und erhalten die beiden Lösungen:

$$R_{21} = 20\,\Omega \quad \text{und} \quad R_{22} = 30\,\Omega.$$

Diese beiden Lösungen der quadratischen Gleichung sind auch die Ergebnisse für die beiden gesuchten Widerstände R_1 und R_2.

Widerstandsnetze

In vielen Schaltungen sind Widerstände sowohl parallel als auch in Reihe geschaltet. Diese gemischten, teilweise umfangreichen Schaltungen werden als Widerstandsnetze bezeichnet. Die Berechnung des Gesamtwiderstands gelingt nach dem Zusammenfassen einzelner Widerstandsgruppen. Dabei sind die Gesetze der Reihen- und Parallelschaltung zu beachten.

Beispiel

Geg. $R_1 = R_2 = R_3 = 1\ \Omega$; $R_4 = R_5 = R_6 = 2\ \Omega$, $R_7 = R_8 = R_9 = 3\ \Omega$,

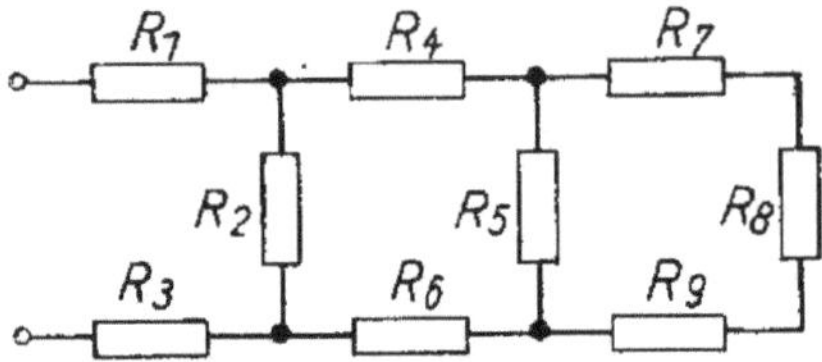

Bild 10.5 *Widerstandsnetz*

Wir fassen zusammen: $R_{789} = R_7 + R_8 + R_9 = 9\ \Omega$

Als nächstes fassen wir die Parallelschaltung von R_5 und R_{789} zusammen:

$$R_{5789} = \frac{R_5 \cdot R_{789}}{R_5 + R_{789}} = \frac{2 \cdot 9}{2 + 9}\ \Omega = 1{,}636\ \Omega$$

Nun fassen wir die Reihenschaltung aus R_4, R_{5789} und R_6 zusammen.

$$R_{456789} = R_4 + R_{5789} + R_6 = 2\ \Omega,\ + 1{,}636\ \Omega + 2\ \Omega = 5{,}636\ \Omega.$$

Wir fassen die Parallelschaltung von R_{456789} und von R_2 zusammen.

$$R_{2456789} = \frac{R_2 \cdot R_{456789}}{R_2 + R_{456789}} = \frac{1 \cdot 5{,}636}{1 + 5{,}636}\ \Omega = 0{,}849\ \Omega$$

Nun haben wir noch die Reihenschaltung aus R_1, $R_{2456789}$ und R_3 zu berechnen.

$$R_{ges} = R_1 + R_{2456789} + R_3 = 1\ \Omega,\ + 0{,}849\ \Omega + 1\ \Omega = 2{,}849\ \Omega.$$

Der Gesamtwiderstand beträgt also 2,849 Ω.

10.4 Kirchhoffsche Gesetze und Maschenberechnung

Definition eines Knotens und einer Masche

Ein Knoten ist eine leitende Verbindung innerhalb eines Netzwerkes.

Eine Masche ist ein geschlossener Umlauf in einem Stromkreis. Ein Stromkreis kann mehrere Maschen aufweisen. Zur Berechnung der Ströme und Spannungsabfälle zeichnet man in jede eine Masche Maschenrichtung ein. Die Richtung kann willkürlich festgelegt werden.

Knotenregel – Erstes Kirchhoffsches Gesetz:

Die Summe der hinein fließenden Ströme in einem Knotenpunkt ist gleich der Summe der heraus fließenden Ströme. Bild 8.6 zeigt ein Beispiel mit fünf Strömen.

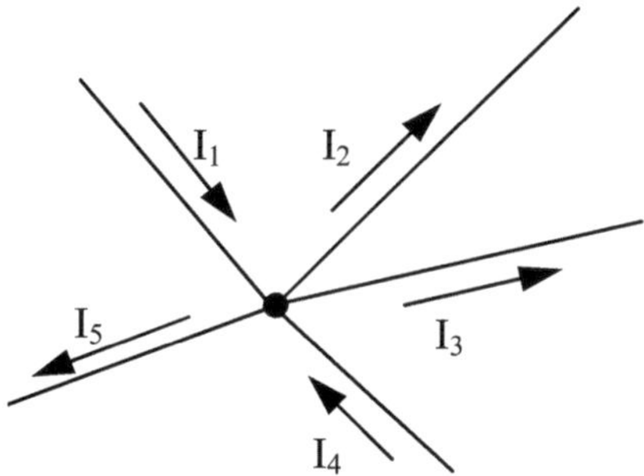

Bild 10.6 *Stromknoten mit zu- und abfließenden Strö-*

Wie auf dem Bild 8.6 zu erkennen ist, fließen die Ströme I_1 und I_4 in den Knoten hinein und die Ströme I_2, I_3 und I_5 aus dem Knoten heraus. Nach der Knotenregel gilt:

$$I_1 + I_4 = I_2 + I_3 + I_5$$

Maschenregel – Zweites Kirchhoffsches Gesetz

Die Summe der abfallenden Spannungen an den Widerständen in einem Stromkreis ist gleich der Summe der erzeugenden Spannungen. Die Summe der Spannungen in einer Masche ist Null unter Beachtung des Vorzeichens.

$$\sum U_i = 0$$

Dazu legt man zuerst den Umlaufsinn in einer Masche fest. Die Richtung des Umlaufs kann beliebig gewählt werden. Spannungen in Maschenrichtung werden positiv gezählt und entgegengesetzt der Maschenrichtung negativ. An den Spannungsquellen trägt man die Spannungspfeile von plus nach minus ein. Dann zeichnet man die Stromrichtung willkürlich ein. Die Richtung des Stromes durch einen Widerstand und die Richtung der Spannung an diesem Widerstand muss gleich sein. Fließt der Strom tatsächlich in die andere Richtung, erhält man als Ergebnis einen negativen Strom.

Beide Kirchhoffsche Regeln sind Schlussfolgerungen aus den Erhaltungssätzen von Ladung und elektrischer Energie.

Beispiel 1

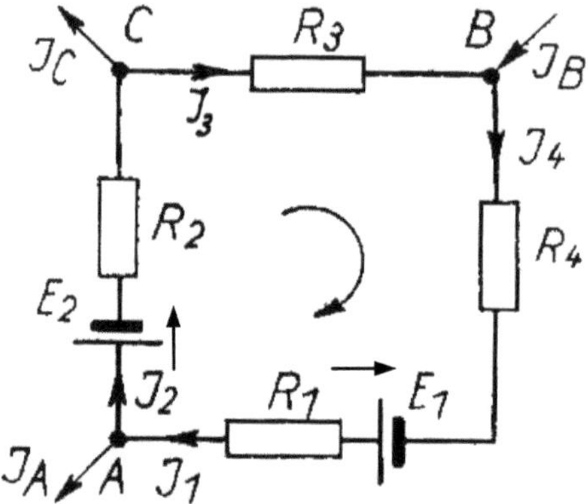

Bild 10.7 *Masche mit zwei Spannungsquellen*

Geg: $I_A = 6$ A; $I_B = 8$ A; $R_1 = R_2 = R_3 = R_4 = 4\ \Omega$; $E_1 = 12$ V; $E_2 = 8$ V

Ges.: I_C; I_1; I_2; I_3; I_4

Für die Knoten gilt:

Knoten A: $I_1 = I_2 + I_A = I_2 + 6$ A

Knoten B : $I_3 + I_B = I_4 = I_3 + 8$ A

Knoten C: $I_2 = I_C + I_3$

Man erkennt, dass I_4 gleich I_1 ist. Damit wird die Gleichung für den Knoten B:

$$I_1 = I_3 + 8 \text{ A}$$

Für die Masche gilt: $-E_1 + U_1 + E_2 + U_2 + U_3 + U_4 = 0$

$$-E_1 + R_1\,I_1 + E_2 + R_2\,I_2 + R_3\,I_3 + R_4\,I_4 = 0$$

Mit den gegebenen Werten wird die Maschengleichung zu:

$$-12 \text{ V} + 4\,\Omega \cdot I_1 + 8 \text{ V} + 4\,\Omega \cdot I_2 + 4\,\Omega \cdot I_3 + 4\,\Omega \cdot I_1 = 0$$

160

Wir dividieren die Gleichung zur Vereinfachung durch 4 Ω und erhalten:

$$2\,I_1 + I_2 + I_3 = 1\text{ A}$$

Wir haben ein Gleichungssystem mit 4 Gleichungen und 4 unbekannten Strömen.

Nun schreiben wir alle vier Gleichungen geordnet auf und lösen das Gleichungssystem:

Masche: $2\,I_1 + I_2 + I_3 \qquad = 1\text{ A}$

Knoten A: $I_1 - I_2 \qquad\qquad = 6\text{ A}$

Knoten B: $-I_1 \qquad + I_3 \qquad = -8\text{ A}$

Knoten C: $\qquad + I_2 - I_3 - I_C = 0$

Wir erhalten das Ergebnis:

$I_C = 2\text{ A};\quad I_1 = I_4 = 3{,}75\text{ A};\quad I_2 = -2{,}25\text{ A};\quad I_3 = -4{,}25\text{ A}$

Beispiel 2

Geg: $I_A = 2\text{ A};\ I_B = 3\text{ A};\ R_1 = 2\ \Omega;\ R_2 = 5\ \Omega;\ R_3 = 1\ \Omega;\ E_1 = 5\text{ V};\ E_2 = 10\text{ V}$

Ges.: $I_C;\ I_1;\ I_2;\ I_3;\ U_1;\ U_2;\ U_3$

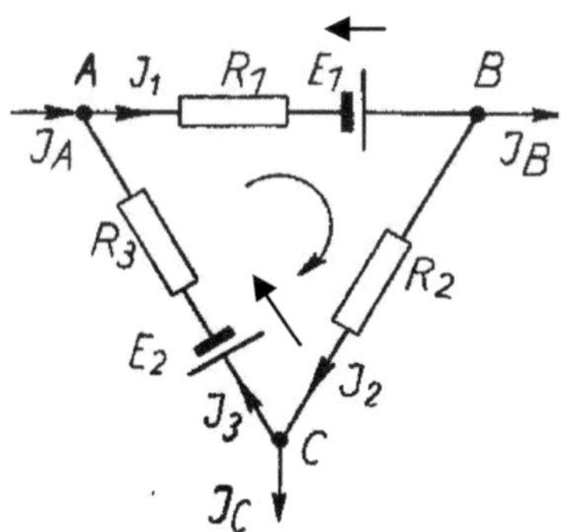

Bild 10.8 *Dreieckschaltung mit zwei Spannungsquellen*

Knoten A: $I_3 + I_A = I_1$

Knoten B: $I_B + I_2 = I_1$

Knoten C: $I_C + I_3 = I_2$

Masche: $U_1 - E_1 + U_2 + E_2 + U_3 = 0$

$$2\,\Omega \cdot I_1 - 5\,V + 5\,\Omega \cdot I_2 + 10\,V + 1\,\Omega \cdot I_3 = 0$$

Nach Auflösung der Gleichungen erhalten wir:

$I_C = -1\,A;\ I_1 = 1{,}5\,A;\ I_2 = -1{,}5\,A;\ I_3 = -0{,}5\,A$

$U_1 = 2\,\Omega \cdot 1{,}5\,A = 3V;\ ;\ U_2 = 5\,\Omega \cdot(-1{,}5\,A) = -7{,}5V;\ U_3 = -0{,}5\,V$

Beispiel 3

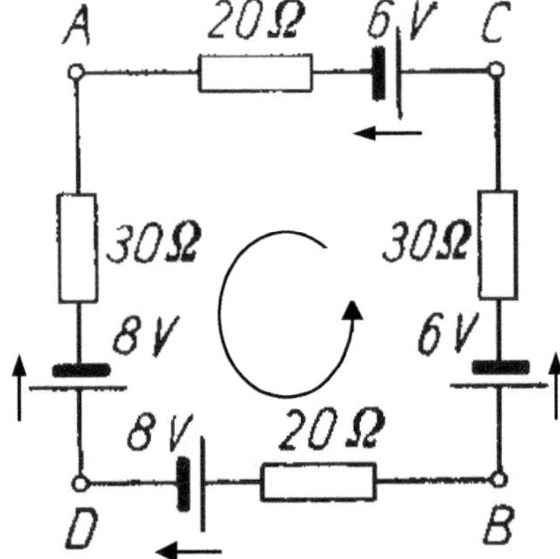

Bild 10.9 *Masche mit vier Spannungsquellen*

Welche Spannung besteht zwischen den Punkten A und B und zwischen den Punkten C und D?

$$30\,\Omega \cdot I + 20\,\Omega \cdot I + 6\,V + 30\,\Omega \cdot I + 6\,V + 20\,\Omega \cdot I - 8\,V - 8\,V = 0$$

$$-4\,V + 100\,\Omega \cdot I = 0$$

$$I = 0{,}04\,A = 40\,mA$$

$$U_{30\Omega} = 0{,}04 \cdot 30\,V = 1{,}2\,V$$

$$U_{20\Omega} = 0{,}04 \cdot 20\,V = 0{,}8\,V$$

Damit ergibt sich zwischen den Punkten A und B

$$U_{AB} = 8\,V + 8\,V - 1{,}2\,V + 0{,}8\,V = 14\,V$$

162

$$U_{CD} = 6\,V - 8\,V - 2V = 0$$

Zwischen den Punkten AB besteht eine Spannung von 14 V, zwischen C und D einen Spannung von 0 V.

Wenn sich bei einer Netzwerkberechnung am Ende ein negativer Strom ergibt, so bedeutet das, dass die zunächst willkürliche gewählte Richtung nicht die richtige Stromrichtung ist.

Wheatstonesche Brücke

Welcher Strom fließt durch das Messinstrument R_5 der Wheatstoneschen Brücke bei Vernachlässigung des Innenwiderstandes der Spannungsquelle?

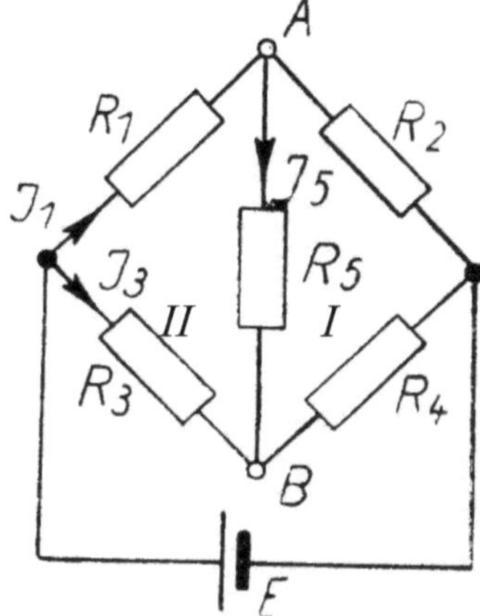

Bild 10.10 *Wheatstonsche Brücke*

Die Widerstandsbrücke ist eine Schaltung aus zwei parallel geschalteten Spannungsteilern. Die Verbindung zwischen A und B wird als Brücke bezeichnet. Besteht zwischen diesen beiden Punkten ein Potentialunterschied, so fließt ein Strom von A nach B bzw. umgekehrt.

Will man die Brücke abgleichen, so muss I_5 gleich Null sein. Mit $I_5 = 0$ gilt:

Knoten A: $I_1 = I_2$

Knoten B: $I_3 = I_4$

Masche I: $I_2R_2 = I_4R_4$

Masche II: $I_1R_1 = I_3R_3$

Stellt man die vier Gleichungen um, so erhält man:

$$\frac{R_1}{R_2} = \frac{R_3}{R_4}$$

Mit anderen Worten, wenn $\frac{R_1}{R_2} = \frac{R_3}{R_4}$ erfüllt ist, dann ist die Brücken abgeglichen, d. h. stromlos.

10.5. Strom- Spannungs- und Widerstandsmessung

Für die Messung von Strömen verwendet man ein Amperemeter. Spannungen werden mit einen Voltmeter gemessen. Das folgende Bild zeigt analoges Strommessgerät, ein Amperemeter, und ein analoges Voltmeter.

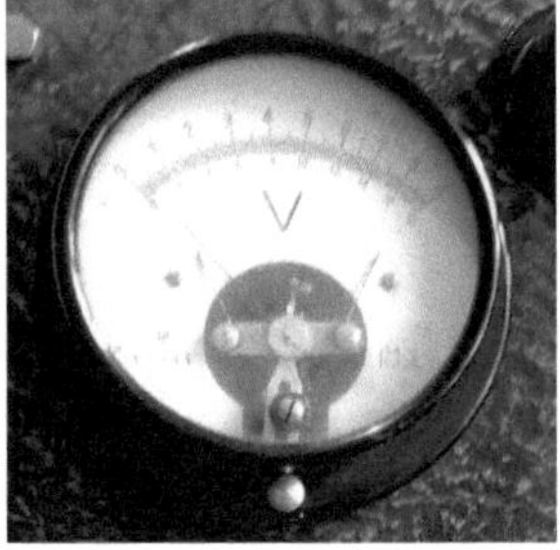

Bild 10.11 *Ampere-Meter und Volt-Meter*

Analoge Amperemeter bzw. Voltmeter arbeiten nach dem Funktionsprinzip eines Galvanometers, d. h. sie basieren auf der Kraft zwischen einem Magnetfeld und einer stromführenden Drahtspule.

Ein Amperemeter wird direkt in den Stromkreis geschaltet. Je kleiner der Innenwiderstand eines Amperemeters ist, umso weniger beeinflusst es den Stromkreis.

Ein Voltmeter dagegen wird mit dem Bauelement, dessen Spannung gemessen werden soll, parallel geschaltet. Je größer der Innenwiderstand des Voltmeters, umso weniger beeinflusst es den Stromkreis.

Es gibt zwei Möglichkeiten, ein Voltmeter und ein Amperemeter in einem Stromkreis unterzubringen:

Bild 10.12 *links spannugsrichtige Schaltung und rechts stromrichtige Schaltung*

Bei der spannungsrichtigen Schaltung ergibt sich der unbekannte Widerstand R_x zu:

$$R_x = \frac{U_V}{I_A - \dfrac{U_V}{R_V}}$$

Bei der stromrichtigen Schaltung ergibt sich der unbekannte Widerstand R_x zu:

$$R_x = \frac{U_V}{I_A} - R_A$$

Ist der Widerstand des zu messenden des Bauteils groß, so sollte man die stromrichtige Messschaltung bevorzugen. Bei kleinem Widerstand des Bauteils empfiehlt sich die spannungsrichtige Messschaltung.

10.6 Elektrische Leistung

Die elektrische Energie wird in thermische Energie, Licht oder mechanische Energie umgewandelt.

Die von der Spannungsquelle an die Elektronen abgegebene elektrische Energie W_{el} hat die Größe

$$W_{el} = Q \cdot U = U \cdot I \cdot t$$

Für die Arbeit pro Zeiteinheit, für die **Leistung P**, ergibt sich:

$$P = \frac{W_{el}}{t} = U \cdot I$$

Die SI-Einheit der elektrischen Leistung ist **Watt** (1 W = 1 J/s).

Beispiel 1

Ein Wassertopf nimmt bei 230 V eine Leistung von 1200 W auf. Wie groß ist der fließende Strom?

$$I = \frac{P}{U} = \frac{1200 \text{ W}}{230 \text{ V}} = 5{,}2 \text{ A}$$

Die Stromstärke beträgt 5,2 A.

Beispiel 2

Wie groß ist der Ohmsche Widerstand eines 40 W–Autoscheinwerfers, der für 12 V ausgelegt ist?

Wir setzen in die Gleichung für die elektrische Leistung das Ohmsche Gesetz ein.

$$P = U \cdot I = \frac{U^2}{R}$$

$$R = \frac{U^2}{P} = \frac{(12 \text{ V})^2}{40 \text{ W}} = 3{,}6 \frac{V^2}{V \cdot A} = 3{,}6 \ \Omega$$

Der Widerstand des Autoscheinwerfers beträgt 3,6 Ω.

10.7 Aufgaben zum Gleichstromkreis

1.

Wie groß ist der Durchmesser eines 1,00 m langen Wolframdrahtes mit einem Ohmschen Widerstand von 0,22 Ω?

2.

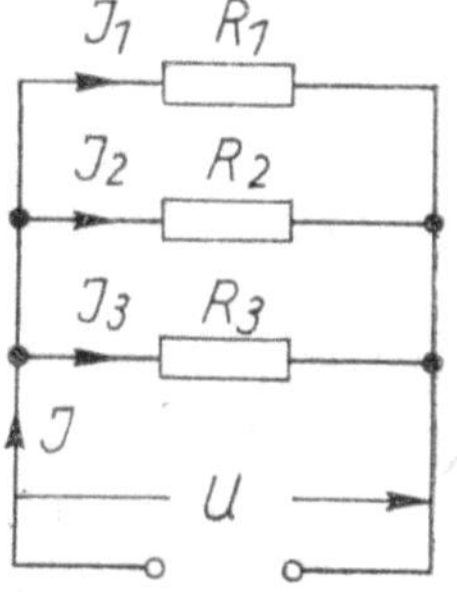

geg: $R_1 = 10\ \Omega$; $R_2 = 20\ \Omega$; $R_3 = 30\ \Omega$; $U = 12$ V

ges: R_{ges}; I_1; I_2; I_3; I

3.

Ein Tauchsieder von 2000 W wird 5 Minuten lang verwendet. Wie teuer ist das, wenn wir einen Strompreis von 0,26 €/ kWh annehmen?

4.

Kann man mit einem Wasserkocher (2300 W) 2 l Wasser innerhalb von 6 Minuten zum Kochen bringen?

5.

Ein Schwimmbad mit einer Grundfläche von 4m · 8m und der Tiefe 2 m kühlt in der Nacht um 1 K ab und wird tagsüber wieder aufgeheizt.
a) Wie viele Kilowattstunden elektrischer Energie sind dazu erforderlich?
b) Wie viel Wasser muss in einem Wasserkraftwerk eine Höhe von 100 m durchlaufen, um die täglich für die Schwimmbadheizung benötigte Energie bereitzustellen?

6.

Gegeben: $E = 6$ V; $R_i = 1{,}5$ Ω; $R_1 = 15$ Ω; $R_2 = 15$ Ω
Gesucht: I; I_1; I_2

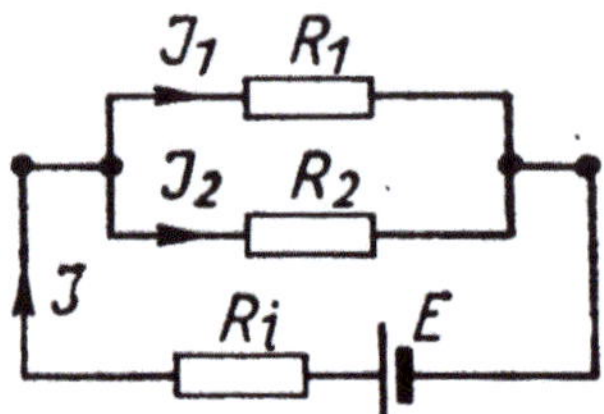

7.

Eine Autoscheibe (45 cm × 1 m × 0,3 cm) soll sich in 2 Minuten um 6°C erwärmen. Die Batterie liefert 12 V. ($\rho_{Glas} = 2{,}5$ g/cm³; $c_{Glas} = 0{,}17$ kJ/kgK)
Wie groß muss der fließende Strom sein?

8.

Ein Herd mit einer elektrischen Leistung von 2000 W ist an eine Spannungsquelle von 230 V angeschlossen.
a) Wie groß ist der Ohmsche Widerstand des Herdes?
b) Wie lange braucht er, um 100 ml eiskaltes Wasser zum Kochen zu bringen, wenn ein Wirkungsgrad von 80% angenommen wird?
c) Wie viel kostet das, wenn wir einen Strompreis von 21 Cent/kWh annehmen?

9.

Ein Widerstand von 65 Ω wird mit einer Batterie mit einer Quellenspannung E von 12,0 V und einem Innenwiderstand R_i von 0,5 Ω verbunden.

Berechnen Sie den Strom I in diesem Stromkreis und die Klemmenspannung U_K der Batterie.

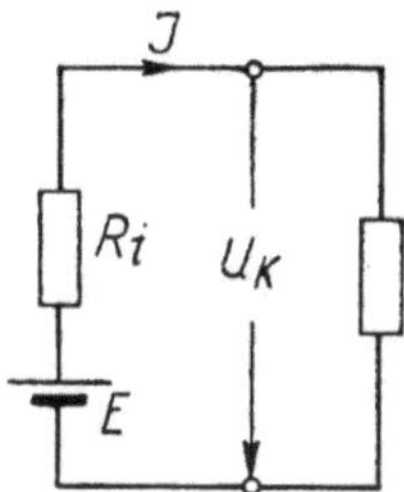

10.

Der Messbereich eines Strommessers soll erweitert werden. Wie erweitert man den Messbereich eines Strommessgerätes?

11.

Wie erweitert man den Messbereich eines Spannungsmessgerätes?

11 Elektromagnetismus

11.1 Das magnetische Feld

Magnete und Magnetfeldlinien

Natürliche Magnetfelder kennt man von dem Mineral **Magnetit** (Magneteisenstein, Fe_3O_4) schon seit der Antike. Künstliche Magnetfelder werden mit Hilfe elektrischer Ströme erzeugt.

So wie die elektrische Kraft einer Ladungsanordnung durch das elektrische Feld E beschrieben werden kann, kann die magnetische Kraft durch das **magnetische Feld B** (engl. *magnetic field*) beschrieben werden.

Auch das magnetische Feld veranschaulicht man mit Feldlinien, die Stärke des Feldes mit Hilfe der Dichte der Linien. Legt man auf eine Glasplatte zwei Stabmagnete mit ungleichnamig zugewendeten Polen und streut Eisenfeilspäne darauf, erhält man eine Vorstellung von dem Verlauf der Feldlinien. Im Gegensatz zu elektrischen Feldlinien, die an elektrischen Ladungen entspringen oder enden, sind **magnetische Feldlinien immer geschlossen.** Die Magnetfeldlinien verlaufen daher innerhalb von Magneten weiter. Bei einem Stabmagnet verlaufen die Feldlinien im Außenraum vom Nord- zum Südpol. Auch die Erde hat ein Magnetfeld, das dem eines Stabmagneten ähnelt.

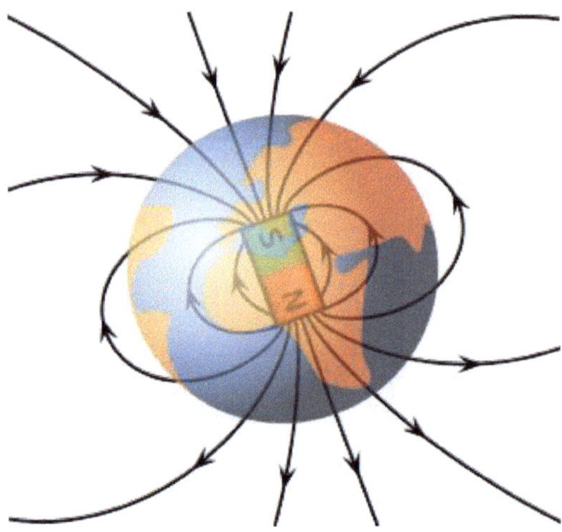

Bild 11.1 *Magnetfeld der Erde*

Die Lage der geografischen Pole (Durchstoßpunkte der Drehachse mit der Erdoberfläche) unterscheidet sich von den magnetischen Polen der Erde. Diese Abweichung wird Deklination genannt. Gesteinsuntersuchungen belegen außerdem, dass es in der Geschichte der Erde mehrmals zu einer **Polumkehr** gekommen ist, bei der magnetischer Nord- und Südpol ihre Lage tauschten. Die Ursache für das Magnetfeld der Erde sind elektrische Ströme im Erdkern.

Magnetfelder von elektrischen Strömen

1820 entdeckte der Däne Christian Oersted während einer Vorlesung, dass ein stromführender Leiter eine Magnetnadel ablenkte. Das war eine wichtige Entdeckung: Ströme erzeugen Magnetfelder. Das Magnetfeld eines langen geraden stromführenden Leiters ist in Bild 11.2 zu sehen. Die technische Stromrichtung zeigt aus der Bildebene. Das wird durch einen ⊙ angedeutet.

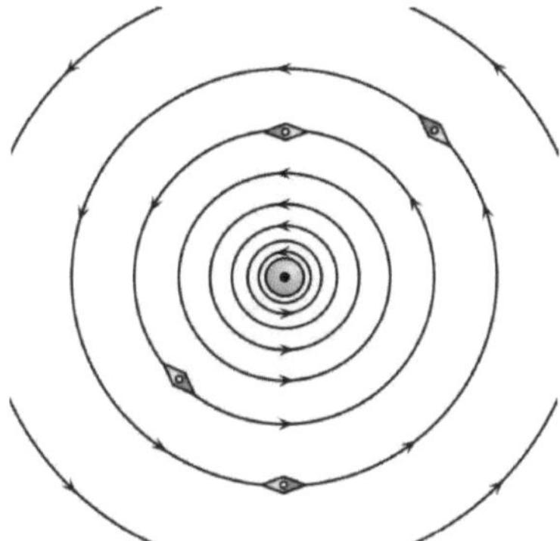

Bild 11.2 *Magnetfeld eines stromführenden Leiters*

Lagert man einen Leiter beweglich in einem Magnetfeld, so kann man beim Einschalten des Stromes eine Kraft feststellen, die den Leiter ablenkt. Diese Kraft **F** ist proportional zur Länge des Leiters **s**, zur Feldstärke **B** und zum Strom I (Bild 11.3 rechts). Die Länge des Leiters ist ein Vektor. Der Leiter wird in der technischen Stromrichtung vom Strom durchflossen.

$$\mathbf{F} = I \cdot \mathbf{s} \times \mathbf{B}$$

Eine weitere, gleichwertige Definition der **magnetischen Flussdichte** nutzt die Kraft, die in einem Magnetfeld auf eine bewegte Ladung wirkt, die **Lorentzkraft** (Bild 11.3).

Der Vektor **B** zeigt in Richtung der magnetischen Feldlinien an jedem Punkt des Feldes. Sein Betrag ist die **Flussdichte** des Magnetfeldes.

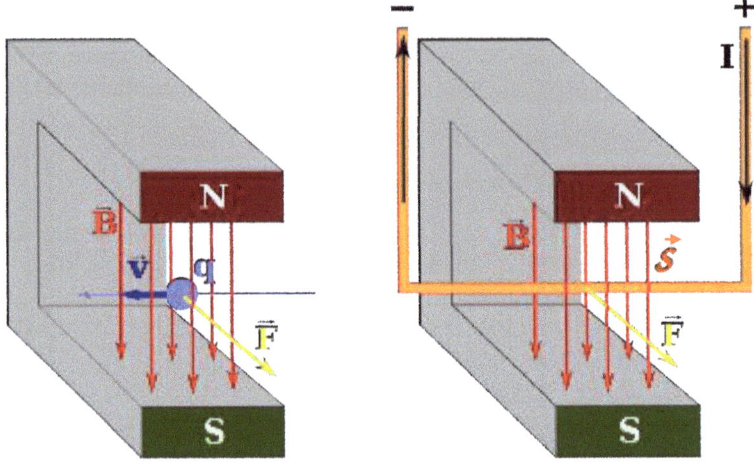

Bild 11.3 *Kraft auf eine bewegte Ladung und auf einen stromdurchflossenen Leiter im Magnetfeld*

Die Flussdichte B eines Magnetfeldes wird durch die ablenkende Kraft gemessen, die je Längeneinheit und Stromstärkeeinheit auftritt.

$$B = \frac{F}{I \cdot s \cdot \sin \alpha}$$

Dabei ist α der Winkel zwischen Leiter und Magnetfeld

Kraft auf eine Ladung im Magnetfeld

In einem *elektrischen* Feld wirkt auf eine Ladung q die Coulombkraft. Diese wirkt unabhängig vom Bewegungszustand der Ladung. Im Gegensatz dazu übt **ein Magnetfeld eine Kraft nur auf *bewegte* Ladungen** aus. Diese magnetische Kraft auf eine Ladung nennen wir (zu Ehren von Hendrik Anton Lorentz) **Lorentzkraft F_L** (Bild 11.3 links).

Die Lorentzkraft hat folgende Eigenschaften: Sie steigt proportional mit der Größe der Ladung, mit, der Geschwindigkeit der Ladung und mit der Größe des Magnetfeldes. Sie steht immer im rechten Winkel sowohl zur Geschwindigkeitsrichtung der Ladung als auch zur Magnetfeldrichtung. Die Lorentzkraft ist am größten, wenn Magnetfeld und Geschwindigkeitsrichtung im rechten Winkel aufeinander stehen. Bewegt sich die Ladung in Richtung des magnetischen Feldes (parallel oder anti-parallel), ist die Lorentzkraft null.

Aus diesen Eigenschaften bietet es sich an, für die mathematische Beschreibung der Lorentzkraft das Vektorprodukt zu verwenden.

$$\mathbf{F_L} = q \cdot \mathbf{v} \times \mathbf{B}$$

In dieser Gleichung bedeutet $\mathbf{F_L}$ die magnetische Kraft auf ein Teilchen mit der Ladung q, das sich mit der Geschwindigkeit $\mathbf{v}$ durch ein Magnetfeld $\mathbf{B}$ bewegt. Der Betrag der Lorentzkraft kann berechnet werden mit:

$$F_L = q \cdot v \cdot B \cdot \sin \alpha$$

Dabei ist α der Winkel zwischen Magnetfeldrichtung und Geschwindigkeitsrichtung des Teilchens.

Merkregel für die Richtung der Lorentzkraft

Die UVW-Regel (Ursache –Vermittlung -Wirkung) hilft, die Richtung der Lorentzkraft zu bestimmen. Um die Kraftrichtung für eine **positive** Ladung zu bestimmen, verwendet man die rechte Hand. Für eine negative Ladung wirkt die Kraft in entgegengesetzter Richtung.

Der Daumen zeigt in die Geschwindigkeitsrichtung $\mathbf{v}$ (Ursache).

Der Zeigefinger zeigt in die Magnetfeldrichtung $\mathbf{B}$ (Vermittlung).

Der Mittelfinger zeigt in die Richtung der Lorentzkraft $\mathbf{F_L}$ (Wirkung).

Der Mittelfinger sollte immer im rechten Winkel zur Handfläche abgespreizt werden.

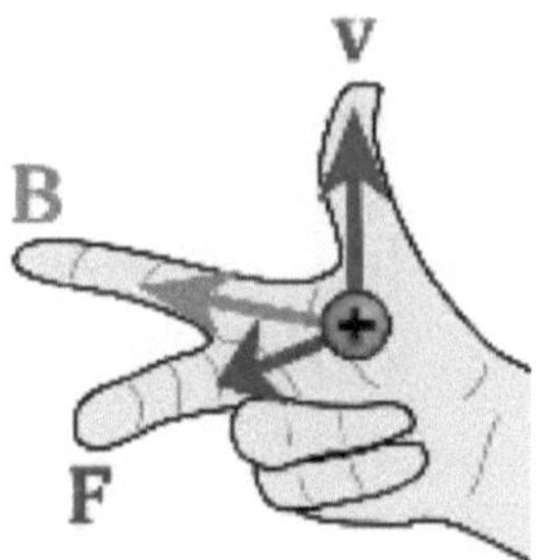

Bild 11.4 *UVW Regel für positive Ladungen*

Das Magnetfeld B ist über die Lorentzkraft definiert, die auf eine Testladung q wirkt. Die Stärke des Magnetfeldes B wird aus historischen Gründen nicht als magnetische Feldstärke sondern als magnetische Flussdichte (engl. magnetic flux density) oder als magnetische Induktion (engl. magnetic induction) bezeichnet.

Die Einheit der magnetischen Flussdichte ergibt sich zu.

$$[B] = \frac{[F_L]}{[q] \cdot [v]} = \frac{N \cdot s}{C \cdot m}$$

Diese Einheit wird – zu Ehren des Erfinders Nikola Tesla – ein **Tesla (T)** genannt.

$$1\,T = 1\,\frac{N \cdot s}{C \cdot m} = 1\frac{V \cdot s}{m^2}$$

Das Erdmagnetfeld in Mitteleuropa beträgt rund 50 µT. Haftmagnete für Pinnwände erreichen einige hundertstel Tesla und die stärksten Permanentmagnete haben Flussdichten von bis zu 0,4 T.

Zur Messung der Magnetfeldstärke verwendet man Halbleiter (Hallsonden).

Beispiel

Bei einem Versuch entsprechend Abbildung 11.3 rechts wurden folgende Größen gemessen: s = 3 cm, I = 10 A, F = 1,5 N. Gesucht ist die Flussdichte des homogenen Magnetfeldes.

$$B = \frac{F}{I \cdot s} = \frac{1,5\,N}{10\,A \cdot 0,03\,m} = 5\,\frac{N}{A \cdot m} = 5\,T.$$

Elektromagnetische Kraft

Bisher sind wir immer von einem elektrischen oder einem magnetischen Feld ausgegangen. Sind beide Felder vorhanden, ist die Kraft auf eine Ladung q die Vektorsumme von Coulombkraft und Lorentzkraft.

$$\mathbf{F} = \mathbf{F_C} + \mathbf{F_L}$$

$$\mathbf{F} = q \cdot \mathbf{E} + q \cdot \mathbf{v} \times \mathbf{B}$$

Dieser Ausdruck beschreibt ganz allgemein die elektromagnetische Kraft auf eine Ladung.

Magnetfelder durch Stromfluss – Magnetfeldstärke H

Werden starke Magnetfelder benötigt, kommen immer Elektromagneten zum Einsatz. Um Magnetfelder zu beschreiben, die mit Hilfe von Strom erzeugt werden, verwendet man die **magnetische Feldstärke H.**

Die Größe des Magnetfeldes nimmt linear mit der Entfernung r vom Draht ab und linear mit der Stromstärke zu.

Die magnetische Feldstärke außerhalb eines Leiters kann mit der folgenden Formel berechnet werden:

$$H = \frac{I}{2\pi \cdot r}$$

Dabei ist I der Strom durch den Leiter und r der Abstand vom Leiter.

Wickeln wir den Leiter ganz eng, erhalten wir eine dicht gewickelte Zylinderspule. Das Feld dieser Spule ist im Außenbereich von dem Feld eines Stabmagneten nicht zu unterscheiden (Bild 11.5).

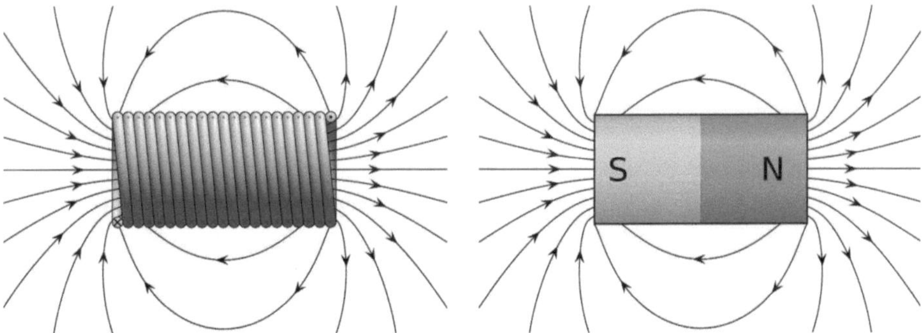

Bild 11.5: *Magnetfeld einer ideal gewickelten Spule und eines Stabmagneten*

Umfasset man eine Spule so, dass die vier Finger der rechten Hand in die *technische Stromrichtung* zeigen, dann zeigt der Daumen zum Nordpol der Spule.

Für die magnetische Feldstärke H im Inneren einer langen (Länge l) von Strom I durchflossenen Spule mit N Windungen gilt.

$$H = \frac{N \cdot I}{l}$$

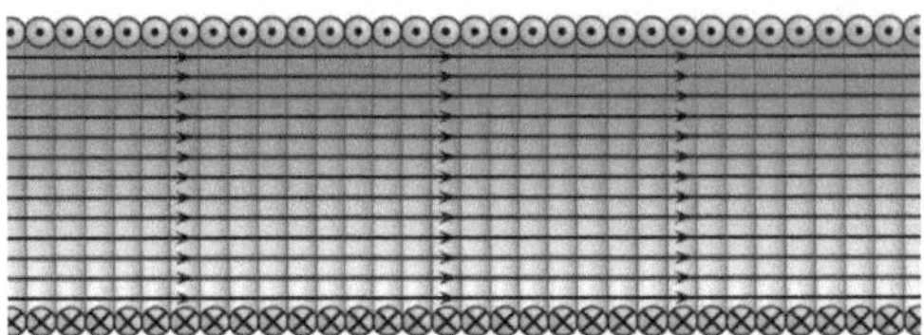

Merkregel zur Richtungsbestimmung des Magnetfeldes

Zeigen die Finger der rechten Hand in Richtung der technischen Stromrichtung, so zeigt der Daumen zum Nordpol.

Bild 11.6 *Magnetfeld im Innern einer langen Spule*

Die Maßeinheit der Magnetfeldstärke ergibt sich zu A/m.

Die beiden Größen, die zur Beschreibung des magnetischen Feldes genutzt werden sind über die magnetische Permeabilität miteinander verbunden. Die **magnetische Permeabilität** (lateinisch *permeare* „durchgehen, durchdringen") μ beschreibt die Magnetisierung von Materialien in einem äußeren Magnetfeld.

Die Permeabilität μ ist das Verhältnis der magnetischen Flussdichte B zur magnetischen Feldstärke H. $\mu = \dfrac{B}{H}$

$$\mu = \mu_0 \cdot \mu_r \qquad\qquad \mu_0 = 4\pi \cdot 10^{-7}\,\frac{V \cdot s}{A \cdot m} = 1{,}2566370614 \cdot 10^{-6}\,\frac{V \cdot s}{A \cdot m}$$

Dabei sind

μ_0 magnetische Feldkonstante

μ_r relative Permeabilität.

Die magnetische Feldkonstante ist eine physikalische Konstante und gibt die magnetische Permeabilität des Vakuums an. Der modernere Begriff Permeabilitätszahl (μ_r) sollte den veralteten Begriff **relative Permeabilität** ersetzen.

Die Feldstärke einer Spule lässt sich verstärken, indem man Eisen in die Spule einbringt. Die Elementarmagnete im ferromagnetischen Kernmaterial richten sich im Feld der Spule aus und verstärken es.

Eine Spule mit einem **Spulenkern** (einem ferromagnetischen Material im Inneren der Spule) wird als **Elektromagnet** bezeichnet. Im Gegensatz zu einem

Stabmagneten kann die Polung einer Spule einfach durch Umkehren der Stromrichtung geändert werden.

Ein homogenes Feld einer langen Spule ist die magnetische Analogie zum elektrischen homogenen Feld eines Kondensators.

Beispiel 1

Ein gerader Stromleiter führt einen Strom von I = 100 A. Wir groß sind Feldstärke H und die Flussdichte B im Abstand von 16 cm?

$$H = \frac{I}{2\pi \cdot r} = \frac{100\,A}{2\pi \cdot 0,16\,m} = 99,47\,\frac{A}{m}$$

$$B = \mu_0 \cdot H = 4\pi \cdot 10^{-7}\,\frac{Vs}{Am}\,99,47\,\frac{A}{m} = 1,25 \cdot 10^{-4}\,\frac{Vs}{m^2}$$

Der Stromleiter hat im Abstand von 16 cm eine magnetische Flussdichte von $1,25 \cdot 10^{-4}$ T.

Beispiel 2

Die Kraft F_2 auf einen zweiten stromführenden Leiter der Länge l im Magnetfeld B_1 eines ersten Leiter beträgt:

$$F_2 = l \cdot B_1 \cdot I_2$$

Setzen wir in diese Gleichung das Magnetfeld B_1 eines Stromes I_1 im Abstand r

$$B_1 = \frac{\mu_0}{2\pi}\,\frac{I_1}{r}$$

ein, so erhalten wir die Kraft F zwischen zwei parallelen Strömen im Abstand r:

$$F = \frac{\mu_0 \cdot l \cdot I_1 \cdot I_2}{2\pi \cdot r}$$

Diese Formel wird **Ampèresches Kraftgesetz** (engl. *Ampère's force law*) genannt. Sie wurde bis 2019 dazu verwendet, die Basis-Einheit *Ampere* des Internationalen Einheitensystems festzulegen. Sind die beiden Ströme entgegengesetzt gerichtet, so stoßen sich die Leiter mit dieser Kraft ab, fließen die Ströme in die gleiche Richtung, so ziehen sich die Drähte mit dieser Kraft an.

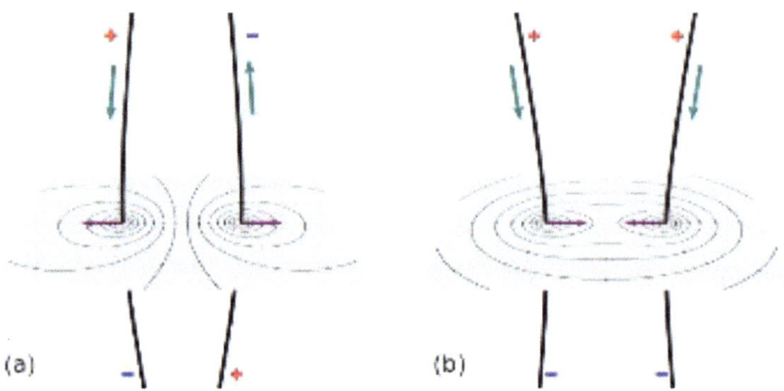

Bild 11.7 *Kraft zwischen zwei stromführenden Leitern*

Beispiel 3

Zwei Stromschienen sind im Abstand r = 150 mm auf Stützen so gelagert, dass sich zwischen diesen eine Leiterlänge von 2 m befindet. Infolge eines Kurzschlusses fließt ein Strom von 50 kA. Welche Kraft wirkt in diesem Fall auf die Stützen und die Schienen?

$$F = \frac{\mu_0 \cdot 1 \cdot I_1 \cdot I_2}{2\pi \cdot r} = \frac{4\pi \, 10^{-7} \, \text{Vs} \cdot 2 \, \text{m} \cdot 5 \cdot 10^4 \, \text{A} \cdot 5 \cdot 10^4 \, \text{A}}{\text{Am} \cdot 2\pi \cdot 0{,}15 \, \text{m}} = 6667 \, \text{N}$$

Beispiel 4 Magnetfeld einer langen Spule

Eine Spule habe 1000 Windungen und eine Länge von 20 cm. Durch die Spule fließe ein Strom von 20 mA. Wie groß ist das Magnetfeld H im Innern der Spule?

Wie groß ist die zugehörige Flussdichte B? Welche Flussdichte ergibt sich, wenn man Eisen mit μ_r = 3200 in die Spule einbringt?

$$H = \frac{N \cdot I}{1} = \frac{1000 \cdot 0{,}02 \, \text{A}}{0{,}2 \, \text{m}} = 100 \, \frac{\text{A}}{\text{m}}$$

$$B = \mu_0 \cdot H = 1{,}256 \cdot 10^{-6} \cdot \frac{\text{Vs}}{\text{Am}} \cdot 100 \, \frac{\text{A}}{\text{m}} = 125{,}6 \, \mu\text{T}$$

$$B = \mu_0 \cdot \mu_r \, H = 1{,}256 \cdot 10^{-6} \, \frac{\text{Vs}}{\text{Am}} \cdot 3200 \cdot 100 \, \frac{\text{A}}{\text{m}} = 401{,}9 \, \text{mT}$$

In der Spule liegt eine Magnetfeldstärke von 100 A/m vor. Die Flussdichte beträgt ohne Eisen 125,6 µT und mit Eisen 401,9 mT.

178

11.2 Induktion

Induktion bei einem bewegten Leiter

Wenn man den Versuch mit der Leiterschaukel (Bild 11.3 rechts) umkehrt, d. h. den Leiter von Hand bewegt, so wird in dem Leiter eine Spannung induziert.

Für die induzierte Spannung U_{ind} gilt:

$$U_{ind} = B \cdot l \cdot v \qquad (v \perp B)$$

Dabei ist l die Länge des Leiterabschnitts und v die Geschwindigkeit, mit der der Leiter im Magnetfeld B bewegt wird.

Die **elektromagnetische Induktion** wurde 1832 von dem englischen Physiker **Faraday** gefunden.

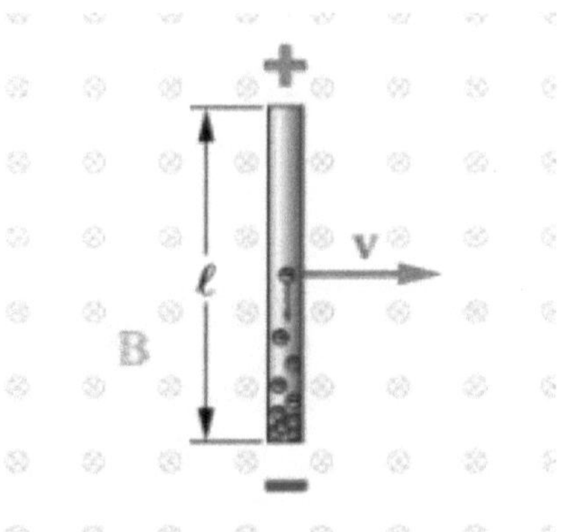

Bild 11.8 *Bewegungsinduzierte Spannung*

Bewegt man einen Leiter wie in Bild 11.8 durch ein homogenes Magnetfeld, wirkt auf die Leiter-Elektronen eine Lorentzkraft entlang des Leiterstücks und es kommt zu einer Ladungsverschiebung. Bewegt man den Leiter in die entgegengesetzte Richtung, dreht sich die Polarität des Leiters um.

Die Bewegung der Elektronen kommt erst dann zum Stillstand, wenn sich die Coulombkraft, die die verschobenen Elektronen durch ihr elektrisches Feld bewirken, und die Lorentzkraft gegenseitig aufheben.

Lassen wir das Leiterstück auf zwei leitenden Schienen gleiten und verbinden beide Enden mit einem Widerstand, der nicht mitbewegt wird, erhalten wir einen geschlossenen Stromkreis. Die induzierte Spannung führt jetzt zu einem Stromfluss.

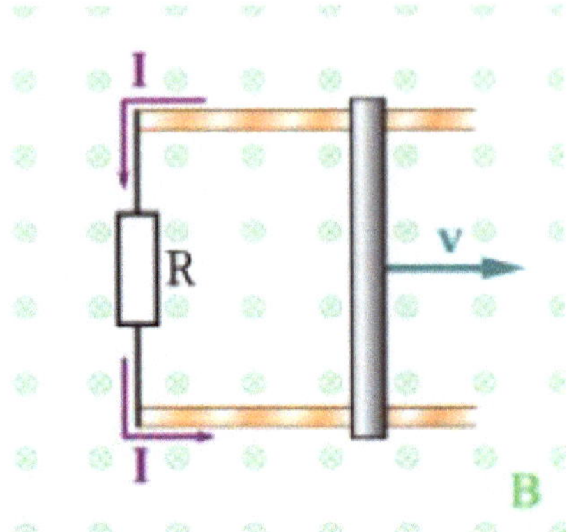

Bild 11.9 *Bewegungsinduzierter Strom*

Der induzierte Strom ist stets so gerichtet, dass er die ihn erzeugende Bewegung oder Magnetflussänderung hemmt. (**Lenzsche Regel**). Oder anders ausgedrückt: Induzierte Spannungen und induzierte Ströme sind stets so gerichtet, dass sie ihrer Ursache entgegen wirken.

Magnetischer Fluss Φ:

In einem homogenen Feld **B** wird der magnetische Fluss als Skalarprodukt aus dem Normalenvektor der Fläche **A** und der magnetischen Flussdichte **B** definiert:

$$\Phi = \mathbf{A} \cdot \mathbf{B} \qquad \text{bzw.}$$

$$\Phi = A \cdot B \cdot \cos\alpha$$

Der größte Magnetische Fluss ergibt sich, wenn das Magnetfeld senkrecht zur Fläche A steht ($\cos\alpha = 1$).

Die Maßeinheit des Magnetischen Flusses ist Weber [Wb]. .

$$1\,\text{Wb} = 1\,\text{Vs} = 1\,\text{Tm}^2.$$

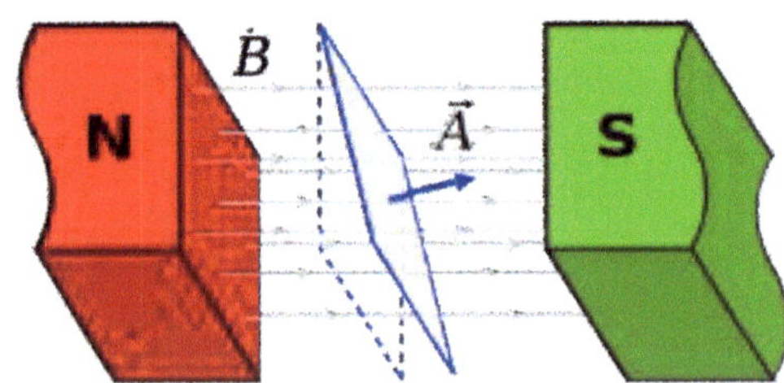

Bild 11.10 *Magnetischer Fluss*

$$[\Phi]=[B]\cdot[A] = 1\,T\cdot m^2 = 1\,Wb$$

Induktionsgesetz für eine Leiterschleife

Befindet sich ein Stromkreis (eine Leiterschleife) in einem homogenen Feld mit der magnetischen Flussdichte B, so wird durch die Bewegung des Leiters eine Spannung U_{ind} induziert:

$$U_{ind} = -B\frac{\Delta A}{\Delta t} = -\frac{\Delta\phi}{\Delta t}$$

Induktionsgesetz für eine Spule

Für die induzierte Spannung einer Spule mit N Windungen gilt:

$$U_{ind} = -N\frac{\Delta\phi}{\Delta t}$$

Selbstinduktion und Induktivität

In einem Leiter wird eine Spannung U_{si} induziert, wenn sich darin die Stromstärke I ändert. Diesen Sachverhalt bezeichnet man als Selbstinduktion, da es sich um eine Induktionswirkung auf den eigenen Leiter handelt.

Die Selbstinduktion spielt in der Wechselstromtechnik eine wichtige Rolle.

Die Größe der Induktionsspannung ist von den Parametern der Spule abhängig.

Man definiert die **Induktivität L** einer Spule.

$$L = \frac{\mu_0\cdot\mu_r\cdot N^2\cdot A}{1}$$

μ_0 magnetische Feldkonstante

μ_r relative Permeabilität.

N Windungszahl

A Querschnittsfläche

1 Länge der Spule

Die Maßeinheit der Induktivität ergibt sich zu:

$$1\frac{Vs}{A} = 1\,H \;\text{ (Henri; nach dem amerikanischen Physiker Henry)}$$

Für die Spannung der Selbstinduktion gilt:

$$U_{si} = -L\,\frac{\Delta I}{\Delta t}$$

Beispiel 1

Wir betrachten den abgebildeten Stromkreis und öffnen den Schalter. Durch die Veränderung des Magnetflusses wird eine Spannung induziert (Bild 11.11)

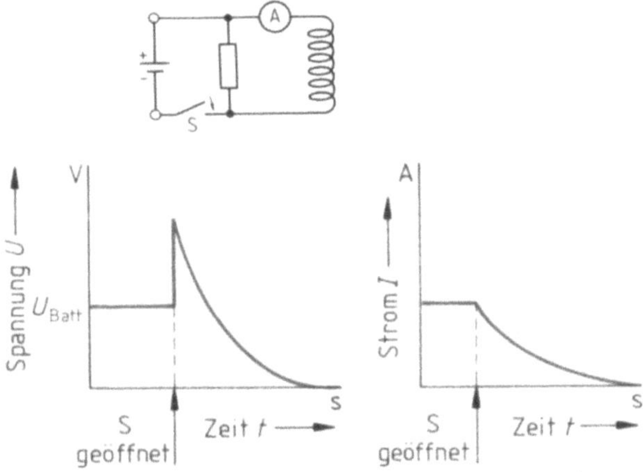

Bild 11.11 *Zeitlicher Verlauf von Spannung und Stromstärke beim Öffnen des Schalters im Stromkreis aus Widerstand und Spule*

Beispiel 2

Für eine eisenfreie Spule sind folgende Daten gegeben:

N = 1200; l = 8 cm; A = 10 cm^2

a) Wie groß ist die Induktivität?

b) Welche Spannung wird induziert, wenn sich der Strom um 1,5A in 0,001 s ändert?

$$L = \frac{\mu_0 \cdot N^2 \cdot A}{l} = \frac{1{,}256 \cdot 10^{-6}\,\text{Vs} \cdot 1200^2 \cdot 10\,\text{cm}^2}{A \cdot m \cdot 8\,\text{cm}} = 22{,}6\,\text{m H}$$

$$\left|U_{in}\right| = L\,\frac{\Delta I}{\Delta t} = \frac{0{,}0226\,\text{Vs} \cdot 1{,}5\,\text{A}}{A \cdot 0{,}001\,\text{s}} = 33{,}9\,\text{V}$$

Die Induktivität beträgt 22,6 mH und die induzierte Spannung 33,9 V.

11.3 Wechselstrom

Generator

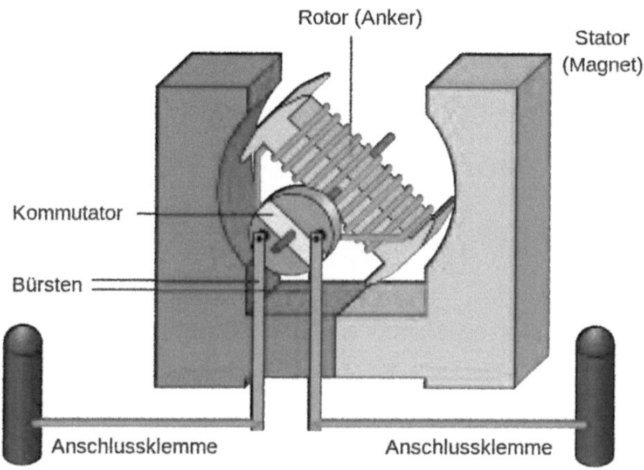

Bild 11.12 *Generatorprinzip*

Um mit Hilfe der Drehung einer Spule im Magnetfeld einen Gleichstrom zu erzeugen, ist während des Drehens ständig ein Umpolen der abgegriffenen Spannung nötig. Diese Funktion übernimmt ein Kommutator. Ohne Kommutator erzeugt man Wechselstrom. So ein einfacher **Wechselstromgenerator** erzeugt einphasigem Wechselstrom, dessen Frequenz proportional zur Rotordrehzahl ist. Der am weitesten verbreitete Wechselstromgenerator ist der Fahrraddynamo. Beim häufigsten Fahrraddynamo wird durch die Bewegung des Rades ein Magnet gedreht und in einer feststehenden Ständerwicklung eine Wechselspannung induziert.

Beim Drehen einer Leiterschleife im homogenen Magnetfeld wird eine harmonische Wechselspannung erzeugt:

$$U(t) = \hat{U} \cdot \sin(\omega t)$$

Der Scheitelwert ergibt sich zu:

$$\hat{U} = A \cdot B \cdot \omega$$

Dabei sind: A Leiterfläche, B Flussdichte und ω Winkelgeschwindigkeit.

Beispiel

In einem homogenen Magnetfeld werde eine Spule mit 50 Windungen mit einer Drehzahl von 3000 min^{-1} gedreht. Das Magnetfeld sei B = 0,02 T, die Länge l = 0,2 m, die Breite d = 0,1 m. Welche Wechselspannung wird induziert?

$$\hat{\Phi} = B \cdot A = 0,02\,\mathrm{Vs} \cdot \mathrm{m}^{-2} \cdot 0,02\,\mathrm{m}^2 = 4 \cdot 10^{-4}\,\mathrm{Vs}$$

$$\hat{U} = N \cdot \omega \cdot B \cdot A = 50 \cdot 2\pi \cdot 3000\,\mathrm{min}^{-1} \cdot 4 \cdot 10^{-4}\,\mathrm{Vs} = 50 \cdot 2\pi \cdot 50\,\mathrm{s}^{-1} \cdot 4 \cdot 10^{-4}\,\mathrm{Vs}$$

$$= 6{,}28\,\mathrm{V}$$

$$\omega = 2\pi \cdot f = 314\,\mathrm{s}^{-1}$$

Es wird eine Spannung induziert, die beschrieben werden kann mit:

$$U = 6{,}28\,\mathrm{V} \cdot \sin\left(314\,\mathrm{s}^{-1}\,t\right)$$

Sie hat eine Frequenz von 50 Hz.

Der **Effektivwert** $\mathbf{I_{eff}}$ der harmonischen Wechselstromgröße $I = \hat{I} \cdot \sin \omega t$ ist die Strömstärke eines Gleichstroms, der die gleiche Wärmemenge je Sekunde entwickelt wie der Wechselstrom.

$$I = I_{eff} = \frac{\hat{I}}{\sqrt{2}}$$

Für den **Effektivwert der Spannung** $\mathbf{U_{eff}}$ gilt:

$$U = U_{eff} = \frac{\hat{U}}{\sqrt{2}}$$

Wechselstromwiderstände

Im Wechselstromkreis kommt es durch Spule und Kondensator zu einer Phasenverschiebung zwischen Strom und Spannung.

Der Wechselstromwiderstand wird auch als **Scheinwiderstand Z** bezeichnet. Die zeitliche Verschiebung wird durch den Phasenverschiebungswinkel φ angegeben, der Werte zwischen $-90°$ und $+90°$ annehmen kann.

Positiv ist er, wenn der Strom der Spannung nacheilt und negativ, wenn die Spannung dem Strom nacheilt.

Spule im Wechselstromkreis

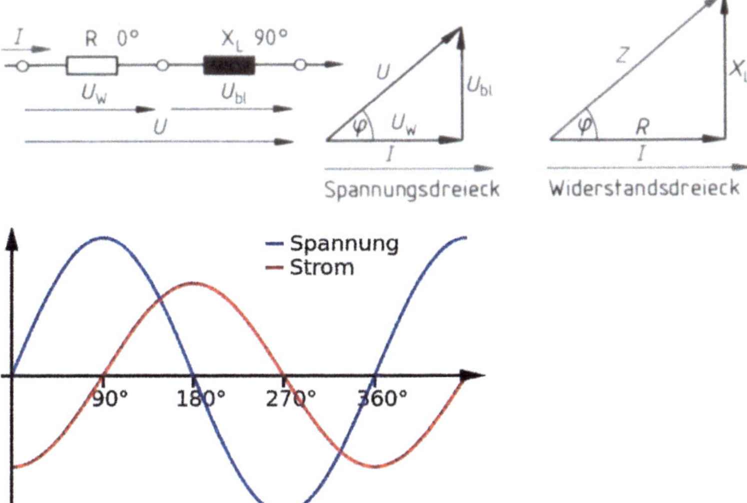

Bild 11.13 *Spannung und Stromstärke in einem Wechselstromkreis mit einer Spule*

Bei einer verlustlosen Spule eilt die Spannung dem Strom um 90° voraus, weil durch Selbstinduktion in der Spule eine Gegenspannung erzeugt wird, die den Strom erst allmählich ansteigen lässt. Der induktive Widerstand (Blindwiderstand) der Spule X_L beträgt:

$$X_L = \omega \cdot L$$

Dabei ist L die Induktivität und ω die Kreisfrequenz.

Beispiel

Die Induktivität einer Spule betrage L= 0,028 H.

Wie groß ist der induktive Widerstand bei Wechselstrom von 50 Hz?

$$X_L = \omega \cdot L = 314 \text{ s}^{-1} \cdot 0,028 \text{ H} = 8,8 \ \Omega$$

Der induktive Widerstand beträgt 8,8 Ω.

Kondensator im Wechselstromkreis

Bei Wechselstrom fließt infolge des ständigen Umladens der Kondensatorplatten ständig Strom, welcher eine phasenverschobene Spannung bewirkt. Ein sinusförmiger Lade-Strom baut am Kondensator eine ebenfalls sinusförmige Spannung auf und zwar verzögert um 90°.

Der kapazitive Widerstand (Blindwiderstand) beträgt

$$X_C = \frac{1}{\omega \cdot C}$$

Dabei ist C die Kapazität des Kondensators und ω die Kreisfrequenz.

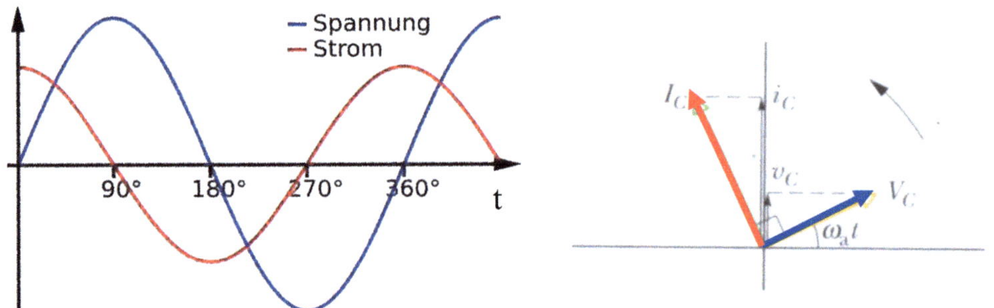

Bild 11.14 *Kapazitive Phasenverschiebung zwischen Strom und Spannung (Links. Strom- und Spannung in Abhängigkeit von der Zeit, rechts Widerstands-Zeigerdiagramm)*

Reihenschaltung aus ohmschem Widerstand, Spule und Kondensator

Der Gesamtwiderstand Z der Reihenschaltung aus ohmschem Widerstand, Spule und Kondensator beträgt:

$$Z = \sqrt{R^2 + \left(X_L - X_C\right)^2}$$

Der Phasenwinkel zwischen Spannung und Strom ergibt sich zu:

$$\tan \varphi = \frac{U_L - U_C}{U_R}$$

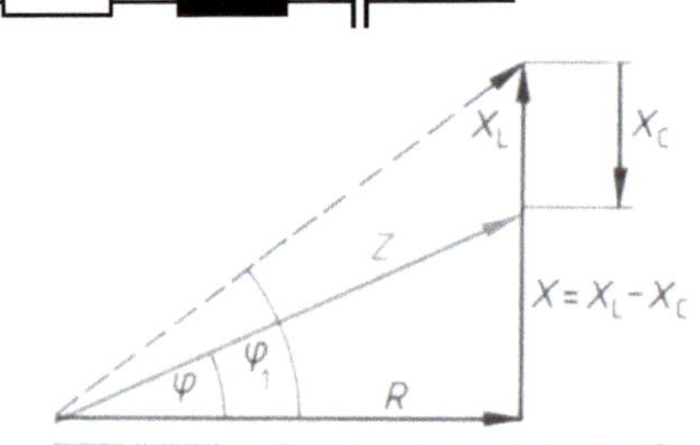

Bild 11.15 *Reihenschaltung aus ohmschem Widerstand , Spule und Kondensator*

Beispiel

Geg.: $R = 100\,\Omega$; $C = 20\,\mu F$, $L = 1\,H$; $U = 230\,V$; $f = 50\,Hz$

Wie groß ist der Effektivwert I? Welche Phasenverschiebung besteht zwischen U und I? Welche Teilspannungen ergeben sich?

$$X_L = \omega \cdot L = 314\,s^{-1} \cdot 1\,H = 314\,\Omega$$

$$X_C = \frac{1}{\omega \cdot C} = \frac{1}{2\pi f \cdot C} = \frac{1}{314 \cdot s^{-1} \cdot 20 \cdot 10^{-6}\,F} = 159\,\Omega$$

$$Z = \sqrt{R^2 + (X_L - X_C)^2} = \sqrt{100^2 + (314 - 159)^2} = 184\,\Omega$$

$$I = \frac{U}{Z} = \frac{230\,V}{184\,\Omega} = 1{,}25\,A$$

$$U_L = X_L \cdot I = 314\,\Omega \cdot 1{,}25\,A = 392{,}5\,V$$

$$U_C = X_C \cdot I = 159\,\Omega \cdot 1{,}25\,A = 198{,}8\,V$$

$$U_R = R \cdot I = 100\,\Omega \cdot 1{,}25\,A = 125\,V$$

$$\tan\varphi = \frac{U_L - U_C}{U_R} = \frac{392{,}5 - 198{,}8}{125} = 1{,}55 \quad \Rightarrow \quad \varphi \approx 57{,}16°$$

Der Strom beträgt 1,25 A. Er eilt der Spannung nach. Die Phasenverschiebung beträgt 57,16°. Die Teilspannungen sind $U_L = 392{,}5\,V$, $U_C = 198{,}8\,V$, $U_R = 125\,V$.

Parallelschaltung aus ohmschem Widerstand, Spule und Kondensator

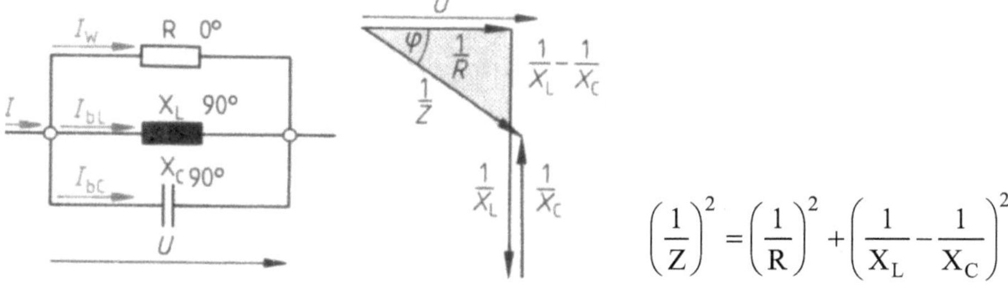

Bild 11.16 *Parallelschaltung aus ohmschem Widerstand, Spule und Kondensator*

Durch Veränderung der Induktivität oder der Kapazität kann erreicht werden, dass sich die Blindwiderstände aufheben. Dies wird in Schwingkreisen ausgenutzt. Dann ist $X_C = X_L$; der Schwingkreis ist in **Resonanz.**

Im Resonanzfall ist der Scheinwiderstand Z am kleinsten und der Strom I am größten. Aus

$$\omega \cdot L = \frac{1}{\omega \cdot C} \quad \text{folgt:}$$

$$\omega_r^2 \cdot L \cdot C = 1 \qquad \qquad \text{bzw.}$$

$$f_r = \frac{1}{2\pi\sqrt{L \cdot C}}$$

Das ist die **Resonanzfrequenz** im Wechselstromkreis.

Für die **Leistung** im Wechselstromkreis gilt:

Wirkleistung (W) (Die Leistung, die dem Netz entnommen werden kann):

$$P = U \cdot I \cdot \cos\varphi$$

Blindleistung (var), wird auch entnommen, kann aber zurückgegeben werden.

$$P = U \cdot I \cdot \sin\varphi$$

Scheinleistung (VA)

$$S = U \cdot I$$

Ein Schwingkreis kann auch als Ladungsschaukel betrachtet werden.

Für die **Energie W_{mag} des magnetischen Feldes einer stromdurchflossenen Spule** gilt:

$$W_{mag} = \frac{1}{2}L \cdot I^2$$

Beispiel

Eine Zylinderspule ($l = 1{,}0$ m; $N = 2000$; $A = 400$ cm²) wird von einem Strom der Stärke von 2,5 A durchflossen.

Berechnen Sie, wie lange ein im Stromkreis befindliches Glühlämpchen (3,0 V; 0,05 A) nach dem Abtrennen der Stromversorgung leuchten kann?

Die Induktivität der Spule beträgt:

$$L = \mu_0 A \frac{N^2}{l} = 4\pi \cdot 10^{-7} \frac{H}{m} \, 400 \, cm^2 \, \frac{2000^2}{1\,m} = 0{,}201 \; H$$

Der Energieinhalt der Spule beträgt:

$$W_{mag} = \frac{1}{2} L \cdot I^2 = \frac{1}{2} \cdot 0{,}201\,H \cdot (2{,}5A)^2 = 0{,}628 \; J$$

Leistungsaufnahme des Lämpchens:

$$P = \frac{W}{t} \quad \Rightarrow \quad t = \frac{W}{P} = \frac{0{,}628\,J}{0{,}15\,W} = 4{,}2 \; s$$

Das Glühlämpchen kann nach Abschalten des Stromes noch 4,2 s leuchten.

Spulen sind Energiespeicher.

Transformator

Ein Transformator besteht aus einem geschlossenen Weicheisenkern, auf den meist zwei Spulen aufgewickelt sind, die in der Regel aus isoliertem Kupferdraht bestehen.

Für die Spannung U_1 und Stromstärke I_1 auf der Primärseite mit N_1 Windungen gilt:

$$U_1 = N_1 \cdot \frac{\Delta\phi}{\Delta t}$$

Und für die auf der Sekundärseite induzierte Spannung U_2 gilt:

$$U_2 = N_2 \frac{\Delta\phi}{\Delta t}$$

Daraus folgt, dass sich die Spannungen wie die Windungszahlen verhalten:

$$\frac{U_1}{U_2} = \frac{N_1}{N_2}$$

Die primärseitig aufgenommene Leistung muss gleich der sekundärseitig abgegebenen Leistung sein. Daraus folgt:

$$\frac{I_1}{I_2} = \frac{N_2}{N_1}$$

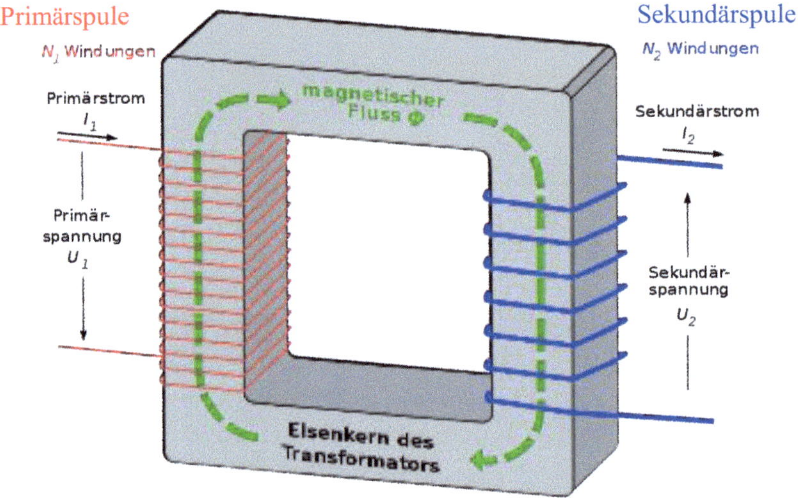

Bild 11.17 *Transformator*

Beispiel

Eine Spule habe primärseitig 1000 Windungen und liege an 210 V. Sekundärseitig sind 80 Windungen vorhanden. Wie groß ist die sekundärseitig abnehmbare Spannung?

$$\frac{U_1}{U_2} = \frac{N_1}{N_2}$$

$$U_2 = \frac{U_1 \cdot N_2}{N_1} = \frac{210\,\text{V} \cdot 80\,\text{V}}{1000\,\text{V}} = 16{,}8\,\text{V}$$

Auf der Sekundärseite können 16,8 V abgenommen werden.

11.4 Anwendung der Lorentzkraft- Beschleuniger

Kreisbahn in einem homogenen Magnetfeld v ⊥ B

In Bild 11.18 ist die Bahn eines Protons dargestellt, dessen Geschwindigkeitsrichtung im rechten Winkel zu den Feldlinien eines homogenen Magnetfeldes
steht – es entsteht eine **kreisförmige Bahn**.

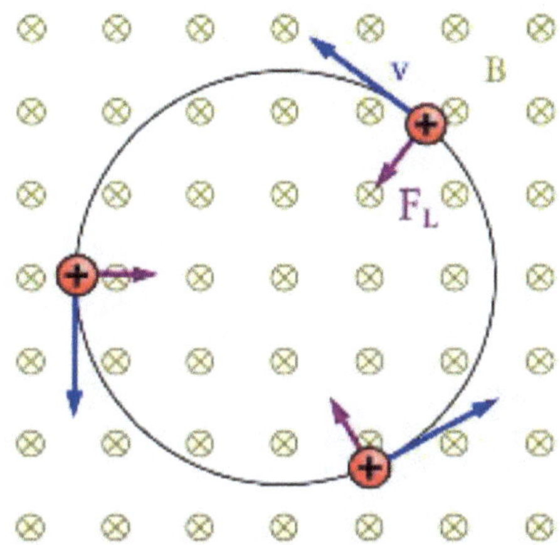

Bild 11.18 *Kreisbahn eines Protons in einem homogenen magnetischen Feld*

Die Lorentzkraft (11.18) steht zu allen Zeiten im rechten Winkel auf den Geschwindigkeitsvektor und ist immer gleich groß. Die konstante Lorentzkraft
wirkt als Zentripedalkraft und zwingt das Proton auf eine Kreisbahn. Da v und
F_L immer rechtwinkelig aufeinander stehen, wird zu keiner Zeit Beschleunigungsarbeit vom Feld verrichtet. Die Bewegung ändert nur die Richtung, sie
wird aber weder schneller noch langsamer. Um den Bahnradius für diese Bewegung zu erhalten, setzen wir die Lorentzkraft gleich der Zentripedalkraft:

$$F_L = F_T$$

$$Q \cdot v \cdot B = \frac{m \cdot v^2}{r} \qquad \bigg| \cdot r$$

$$r \cdot Q \cdot v \cdot B = m \cdot v^2$$

$$r = \frac{m \cdot v}{Q \cdot B}$$

Der Bahnradius ist also proportional zur Masse und zur Geschwindigkeit und umgekehrt proportional zur Ladung und zur Magnetflussdichte.

Schraubenbahn in einem homogenen Magnetfeld

Schließen Geschwindigkeitsvektor und Magnetfeldlinien einen Winkel α ungleich 90° ein, ist die Bahn eine Schraubenlinie (Bild 11.19).

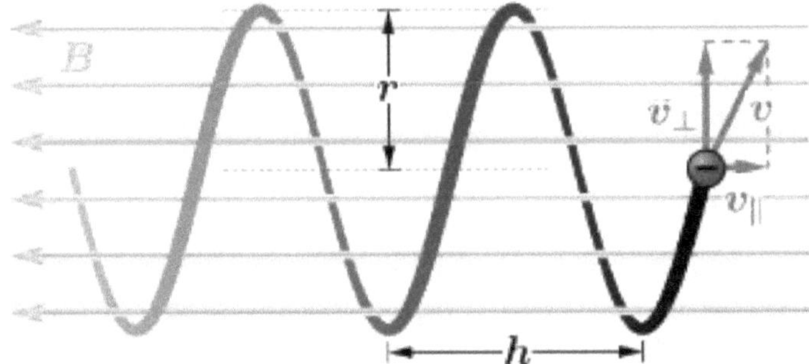

Bild 11.19: *Schraubenförmige Bahn eines Elektrons in einem homogenen Magnetfeld*

Der Geschwindigkeitsvektor **v** kann in zwei Komponenten zerlegt werden, eine Komponente senkrecht und eine Komponente parallel zu den magnetischen Feldlinien:

Bei $v_\perp$ wirkt die Lorentzkraft, diese Komponente sorgt für die Kreisbewegung.

$v_\parallel$ bleibt unbeeinflusst von dem Magnetfeld und sorgt für die Steigung der Schraubenlinie.

Beispiel

Der Winkel zwischen Geschwindigkeitsvektor und Magnetfeld betrage 40°. Der Betrag des Geschwindigkeitsvektor $v = 2 \cdot 10^6$ m/s und die Umlaufzeit auf einer Kreisbahn $T = 6 \ 10^{-8}$ s. Berechnen Sie die Ganghöhe h der Schraubenbahn.

$$h = v \cdot \cos\alpha \cdot T = 2 \cdot 10^6 \, \frac{m}{s} \cdot \cos 40° \cdot 6 \cdot 10^{-8} s = 0,092 \, m$$

Die Ganghöhe beträgt 0,092 m.

Fadenstrahlrohr - Bestimmung der spezifischen Ladung des Elektrons

Bild 11.20 *Fadenstrahlrohr*

Im Fadenstrahlrohr sorgt ein Helmholtz-Spulen-Paar für ein homogenes Magnetfeld im Bereich der Kathodenröhre. Man kann die Kreisbahn des Elektronenstrahls sehen. Wird die Röhre in der Halterung ein wenig verdreht, kann man die schraubenförmige Bahn beobachten.

Mit Hilfe einer solchen Anordnung konnte schon um 1900 das Verhältnis von Elektronenladung zu Elektronenmasse (e/m_e) ermittelt werden.

Für die Kreisbahn eines Elektrons in einem homogenen Magnetfeld gilt:

$$\frac{m_e \cdot v}{e \cdot B} = r$$

Wir stellen die Gleichung nach v um:

$$v = \frac{r \cdot e \cdot B}{m_e} \qquad\qquad (*)$$

Bevor das Elektron das Magnetfeld erreicht, lässt man es ein elektrisches Feld durchlaufen.

Die Geschwindigkeit v erhält das Elektron beim Durchlaufen einer Beschleunigungsspannung U bevor es das Magnetfeld erreicht. Durch Gleichsetzen von kinetischer Energie und elektrischer Arbeit des Elektrons (Energieerhaltungssatz) erhalten wir:

$$\frac{1}{2} m_e v^2 = e \cdot U$$

Wir stellen die Gleichung nach v um und setzten in diese Gleichung den Ausdruck für v aus der Beziehung (*) ein. So erhalten wir:

$$\frac{e}{m_e} = \frac{2 \cdot U}{r^2 \cdot B^2}$$

Alle Größen auf der rechten Seite der Gleichung – also die magnetische Flussdichte B, der Bahnradius r und die Beschleunigungsspannung U – können durch Messung bestimmt werden.

Nach demselben Prinzip kann die spezifische Ladung von beliebigen geladenen Teilchen bestimmt werden.

Das Zyklotron

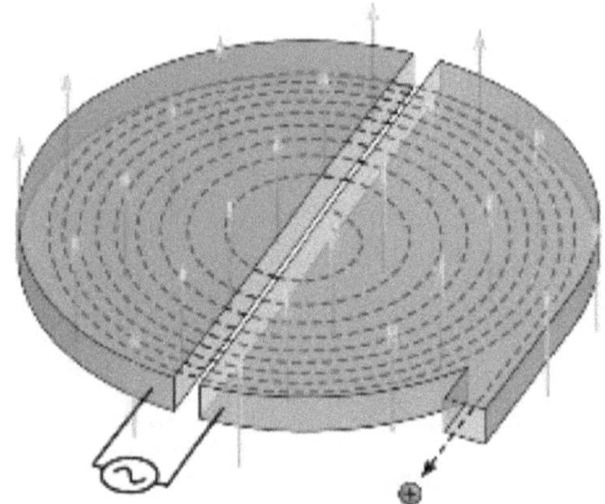

Bild 11.21 *Zyklotron*

Das Zyklotron ist ein Teilchenbeschleuniger. Es besteht aus zwei halbkreisförmigen Dosen („Dees"). Die Dees sind an eine Wechselspannung angeschlossen, die die im Zentrum erzeugten Teilchen jedes Mal, wenn sie den Spalt durchlaufen, beschleunigt. Ein konstantes senkrechtes Magnetfeld sorgt für die Ablenkung normal zur Bewegungsrichtung der geladenen Teilchen. Die Teilchen bewegen sich auf immer größer werdenden Halbkreisen immer weiter nach außen, bis sie mit maximaler Geschwindigkeit die Austrittsöffnung erreichen.

Moderne Teilchenbeschleuniger werden als Synchrotron gebaut.

Ein Synchrotron besteht aus einem mehrere Kilometer langen hohlen Ring, in dem die Ladungen durch elektrische Felder entlang des Ringes beschleunigt werden. Mit ansteigender Geschwindigkeit muss, bei konstantem Bahnradius, die nötige Zentripedalkraft größer werden. Das bedeutet, dass die Lorentzkraft (Zentripedalkraft) beim Beschleunigen mit der Teilchengeschwindigkeit synchronisiert werden muss.

Der Bahnradius eines Teilchens mit der Ladung q in einem homogenen Magnetfeld ist

$$r = \frac{m \cdot v}{q \cdot B}$$

und nimmt proportional mit der Geschwindigkeit v zu. Für die Umlaufdauer T gilt:

$$T = \frac{2\pi \cdot r}{v} \qquad \Rightarrow \qquad T = \frac{2\pi \cdot m}{q \cdot B}$$

Der Kehrwert der Umlaufdauer ergibt die **Zyklotronfrequenz** f_Z:

$$f_Z = \frac{q \cdot B}{2\pi \cdot m}$$

Sie ist unabhängig von der Geschwindigkeit des Teilchens. Das Teilchen kann also mit einer konstanten Wechselfrequenz zwischen den Dees immer weiter beschleunigt werden.

Zyklotrone können bis zu einem Durchmesser von etwa 5 m gebaut werden.

Protonen können dabei auf eine Energie von etwa 100 eV beschleunigt werden.

Beispiel 1 Normal-Zyklotron

a) Zeigen Sie, dass für die Umlaufdauer T von geladenen Teilchen im Zyklotron
   gilt

$$T = \frac{2\pi \cdot m}{q \cdot B}$$

b) Erläutern Sie, warum für $v < 0{,}1$ c nahezu unabhängig vom Radius der Teil-
   chenbahn ist.

c) Berechnen Sie, welche Energie ein Proton in einem Zyklotron mit $r_{max} = 0{,}50$ m
   und $B = 0{,}40$ T erreichen kann.

d) Berechnen Sie, wie viele Umläufe hierfür notwendig sind, wenn der Scheitelwert der HF-Spannung $U_0 = 1{,}0 \cdot 10^4$ V beträgt.

Lösung:

$$F_L = F_{ZP}$$

$$q \cdot v \cdot B = \frac{mv^2}{r} \qquad \Rightarrow \qquad \frac{r}{v} = \frac{m}{q \cdot B} \qquad (1)$$

$$\text{Umlaufzeit} = \frac{\text{Kreisumfang}}{\text{Geschwindigkeit}}$$

$$T = \frac{2\pi \cdot r}{v} \qquad \Rightarrow \qquad T = \frac{2\pi \cdot m}{q \cdot B}$$

b) In dem Ausdruck für T kommt der Radius nicht mehr vor. Für Geschwindigkeiten $v < 0{,}1$ c kann man von einer konstanten Masse ausgehen, so dass sich
   auch für T eine Konstante ergibt.

c) Für die kinetische Teilchenenergie gilt im nichtrelativistischen Fall

$$E_{kin} = \frac{1}{2}mv^2 \qquad (2)$$

Aus (1) erhält man für v

$$v = \frac{r \cdot q \cdot B}{m} \qquad (3)$$

Setzt man (3) in (2) ein, so folgt

$$E = \frac{1}{2}m\left(\frac{r \cdot q \cdot B}{m}\right)^2 = \frac{(0{,}5\,\mathrm{m})^2\,(1{,}6 \cdot 10^{-19}\,\mathrm{As})^2(0{,}4\,\mathrm{T})^2}{2 \cdot 1{,}67 \cdot 10^{-27}\,\mathrm{kg}} = 3{,}1 \cdot 10^{-13}\,\mathrm{J} = 1{,}9\,\mathrm{MeV}$$

d) Pro Umlauf wird zweimal die Spannung U_0 durchlaufen, d.h. es wird die Energie $\Delta E = 2 \cdot eU_0$ gewonnen. Somit ist $\Delta E = 2 \cdot 10^4$ eV. Für die Zahl N der Umläufe gilt dann

$$N = \frac{E_{kin}}{\Delta E} = \frac{1{,}9 \cdot 10^6}{2 \cdot 10^4} = 95$$

Es sind 95 Umläufe notwendig.

Beispiel 2 Positive Ladung im magnetischen Querfeld

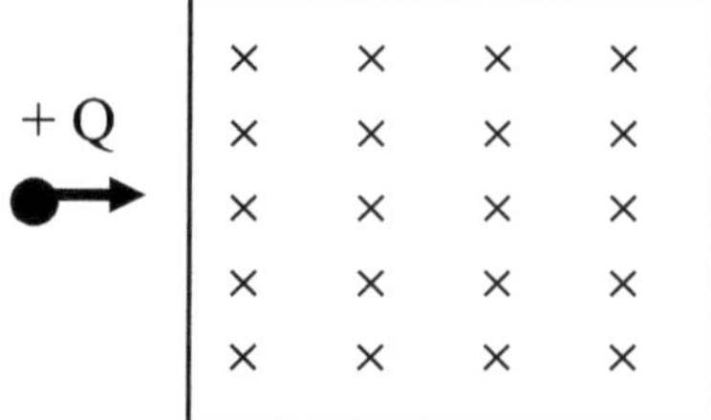

Bild 11.22 *Teilchen im Querfeld*

Ein positiv geladenes Teilchen wird so in ein magnetisches Feld geschossen, dass die Feldlinien senkrecht zur Anfangsgeschwindigkeit des Teilchens verlaufen (Bild 11.22). Erläutern Sie die Bewegung des Teilchens in diesem Feld.

Lösung:

Das positiv geladene Teilchen bewegt sich gegen den Uhrzeigersinn auf einer Kreisbahn nach oben.

Beispiel 3 Positive Ladung im magnetischen Längsfeld

Ein positiv geladenes Teilchen wird so in ein magnetisches Feld geschossen, dass die Feldlinien parallel zur Anfangsgeschwindigkeit des Teilchens verlaufen.

Erläutern Sie die Bewegung des Teilchens in diesem Feld.

Lösung:

Das positiv geladene Teilchen wird nicht beschleunigt und bewegt sich geradlinig gleichförmig weiter.

Im **Massenspektrometer** können Teilchen nach ihrer Masse getrennt werden. Zunächst werden die zu analysierenden Moleküle ionisiert, in einem elektrischen Feld beschleunigt und dann in ein homogenes Magnetfeld geschossen. Je größer die Masse, desto größer fällt ihr Bahnradius aus.

Um zu gewährleisten, dass alle Teilchen beim Erreichen der Ablenkkammer dieselbe Geschwindigkeit besitzen, passieren die Teilchen zuvor einen **Geschwindigkeitsfilter**. Ein **Geschwindigkeitsfilter** verwendet ein gekreuztes magnetisches und elektrisches Feld, um nur Ionen mit einer bestimmten Geschwindigkeit aus einem Ionenstrahl herauszufiltern.

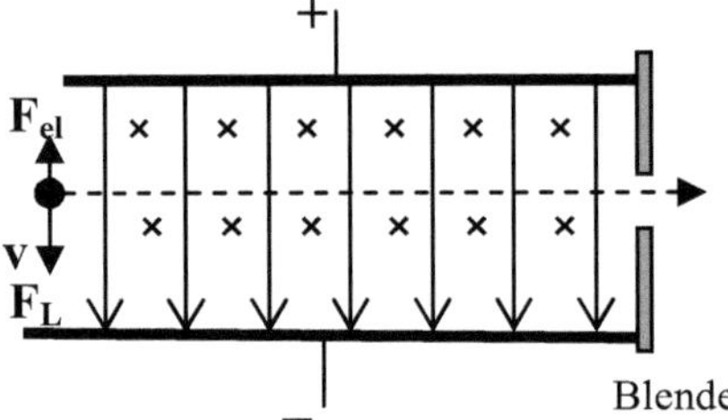

Bild 11.23 Geschwindigkeitsfilter nach Wien

Nur Teilchen, bei denen sich elektrische und magnetische Feldstärke auf können die Blende passieren. Damit ergibt sich:

$$F_{el} = F_L$$

$$q \cdot E = q \cdot v \cdot B$$

$$v = \frac{E}{B}$$

Die Geschwindigkeit der Teilchen, die den Filter passieren beträgt E/B. Diese herausgefilterten Teilchen treten nun in das Massenspektrometer und bewegen sich auf einer Kreisbahn. Die Lorentzkraft wirkt als Radialkraft:

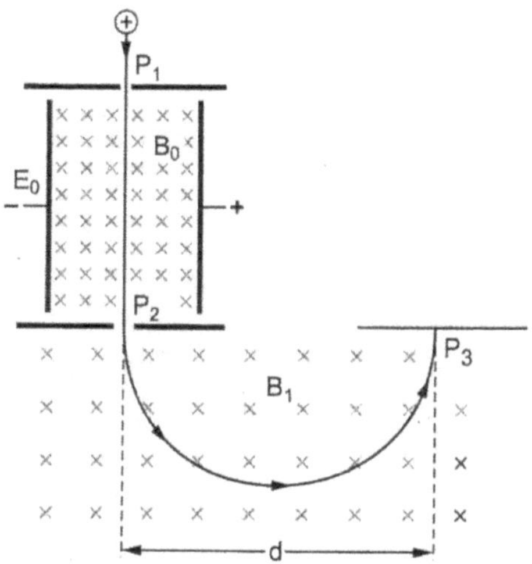

Bild 11.24 *Funktionsweise eines Massenspektrometers*

$$F_L = F_{rad}$$

$$Q \cdot v \cdot B = \frac{m \cdot v^2}{r}$$

$$r = \frac{m \cdot v}{Q \cdot B}$$

Man erkennt, dass der Radius der Kreisbahn der Masse der Teilchen direkt proportional ist.

11.5 Aufgaben zum Elektromagnetismus

1.

Die beiden Drähte einer 2,0 m langen Stromleitung haben einen Abstand von 3,0 mm und führen einen Gleichstrom von 8 A. Berechnen Sie die zwischen diesen beiden Leitern wirkende Kraft.

2.

Durch eine Spule mit 1000 Windungen fließt ein Strom $I = 18$ mA. Ihr Kern aus Dynamoblech ($\mu_r = 3700$) hat einen Querschnitt $A = 5$ cm² und eine mittlere Feldlinienlänge von $l_m = 12$ cm. Zu ermitteln sind die Feldstärke H, die magnetische Flussdichte B und der magnetische Fluss Φ.

3.

Eine eisenfreie Spule habe 1200 Windungen. Sie ist 7 cm lang und hat einen Wirkungsquerschnitt von 9 cm².
a) Wie groß ist die Induktivität?
b) Welche Spannung wird induziert, wenn sich die Stromstärke in 0,001 s um 2A ändert?

4.

Wir groß ist der induktive Widerstand einer Spule mit einer Induktivität von 0,08 H bei einer Frequenz von 50 Hz?

5.

Ein Kondensator mit 10 µF ist an eine Wechselspannungsquelle von 220 V / 50 Hz angeschlossen.
a) Wie groß sind der kapazitive Widerstand X_C und die effektive Stromstärke I?
b) Durch welche Gleichungen sind die Momentanwerte U und I bestimmt?

6.

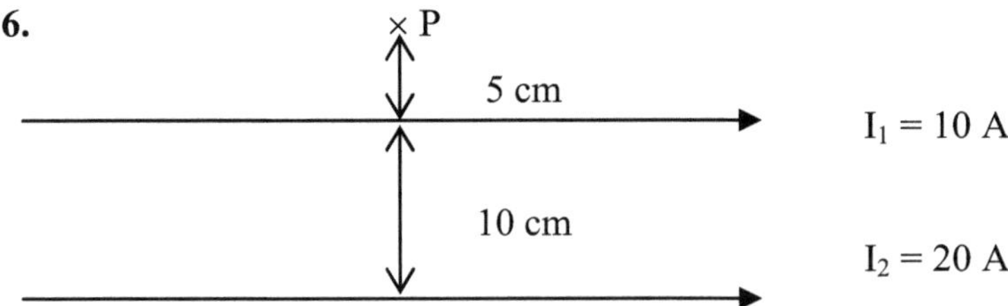

Zwei Ströme ließen in gleicher Richtung, wie dargestellt. Wie groß ist die magnetische Flussdichte B im Punkt P, die von den beiden Strömen erzeugt wird?

7.

Ein Ohmscher Widerstand von R = 120 Ω und ein kapazitiver Blindwiderstand X_C = 160 Ω. sind in Reihe geschaltet. Es fließt ein Strom von I = 80 mA.
Berechnen Sie den Scheinwiderstand Z, die anliegende Wirkspannung U_w, die Blindspannung U_b, die Gesamtspannung U und die Phasenverschiebung.

8.

Ein Wirkwiderstand R = 40 Ω und ein Blindwiderstand X_L = 30 Ω sind parallel geschaltet und liegen an U = 6 V.
Berechnen Sie Scheinwiderstand Z, Gesamtstrom I, Wirkstrom I_w, Blindstrom I_b und den Winkel der Phasenverschiebung.

9.

In einem Generator befindet sich in einem homogenen Magnetfeld der Flussdichte B = 75 mT eine Spule mit 100 Windungen. Sie hat einen quadratischen Querschnitt A_0 = 0,50 m² und rotiert mit einer Drehzahl 3000 min^{-1}.
Zeigen Sie, dass die vom Generator abgegebene Spannung einen sinusförmigen Verlauf hat. Ermitteln sie den Maximalwert und die Frequenz dieser Spannung.

10.

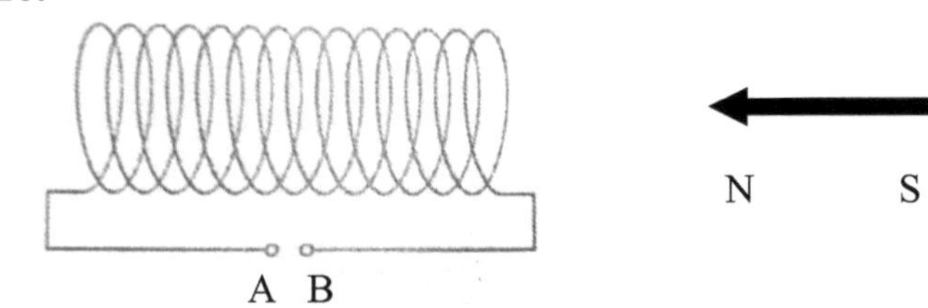

Wo muss der Minuspol der Spannungsquelle sein, damit sich die Magnetnadel wie abgebildet ausrichtet?

11.

Die Feldstärke des Magnetfeldes eines Zyklotrons beträgt B = 50 mT. Ein Elektron bewegt sich mit v = 10^7 m/s senkrecht zu den Feldlinien. Wie groß ist der Radius der Bahn?

12.

Welche Vorteile hat ein Induktionsherd gegenüber einem herkömmlichen Elektroherd?

12 Geometrische Optik

12.1 Licht

Unter Licht versteht man den Teil des elektromagnetischen Spektrums, der über das Auge wahrnehmbar ist. Der sichtbare Bereich erstreckt sich von 380 bis 780 nm, wobei die Grenzen fließend sind.

Elektromagnetische Wellen sind Transversalwellen, die sich im Vakuum mit einer Geschwindigkeit von 299792 km/s geradlinig ausbreiten. Lichtenergie wird ausgesandt, wenn ein angeregtes Elektron Energie abgibt (Photoelektrischer Effekt).

An das sichtbare Spektrum schließt sich im kurzwelligen Bereich der UV-Bereich an und im langwelligen der IR-Bereich. Für den IR-Bereich hat der Mensch auch Rezeptoren; die Temperaturrezeptoren in der Haut und auf Ultraviolettstrahlung reagiert er mit Bräunung bzw. Verbrennung der Haut.

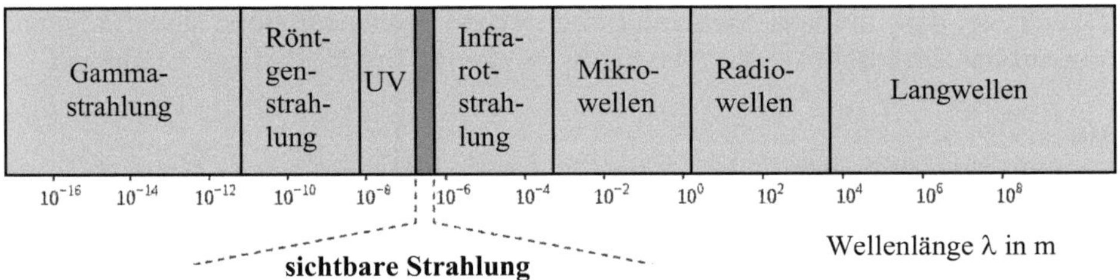

Bild 12.1 *Elektromagnetische Strahlung*

Bei großen Hindernissen im Lichtweg lässt sich die Ausbreitung von Licht durch das Modell von „**Lichtstrahlen**" beschreiben. Dieser Teil der Optik heißt **geometrische Optik**. Bei kleinen Hindernissen macht sich die Wellennatur des Lichts bemerkbar. Der Laser kommt dem Modell eines einzelnen Lichtstrahls nahe.

Bei einer ausgedehnten Lichtquelle oder bei mehreren punktförmigen Lichtquellen kann man unterschiedlich dunkle Schattenbereiche unterscheiden. Der Bereich, den kein Licht erreicht, wird **Kernschatten** genannt. Befindet man sich im Kernschatten, kann man keine Lichtquelle sehen. Bereiche, die teilweise ausgeleuchtet sind, werden als **Halbschatten bezeichnet.** Schatten erleben wir auch als Nächte, Mond- und Sonnenfinsternisse.

12.2 Ebener Spiegel - Reflexionsgesetz

Natürlicher und künstlicher Spiegel

Bild.12.2 *Natürlicher Spiegel*

Eine windstille Wasserfläche, wie in Bild 12.1, ist ein Beispiel für einen natürlichen ebenen Spiegel.

Künstliche Spiegel bestehen im Allgemeinen aus Glasplatten mit aufgedampftem bzw. elektrolytisch abgeschiedenem Metall. In der Physik werden Spiegel zur Strahlablenkung oder Bilderzeugung verwendet.

Reflexionsgesetz

Fällt ein Lichtstrahl auf eine glatte, ebene Fläche wird dieser zurückgeworfen (reflektiert). Der Einfallswinkel ist genauso groß wie der Winkel, in dem das Licht reflektiert wird.

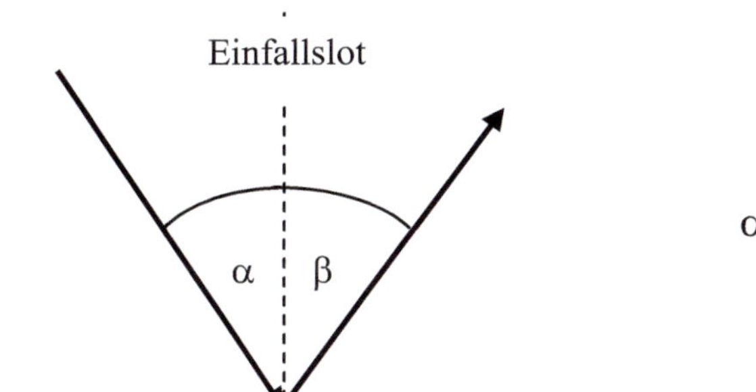

$$\alpha = \beta$$

Bild.12.3 *Reflexionsgesetz*

Einfallender Strahl, Lot und reflektierter Strahl liegen in einer zur Spiegelfläche normalen Ebene. Ist die reflektierende Fläche eben (b), so spricht man auch von gerichteter Reflexion. Bei unregelmäßigen Oberflächen (a) findet diffuse Reflexion statt.

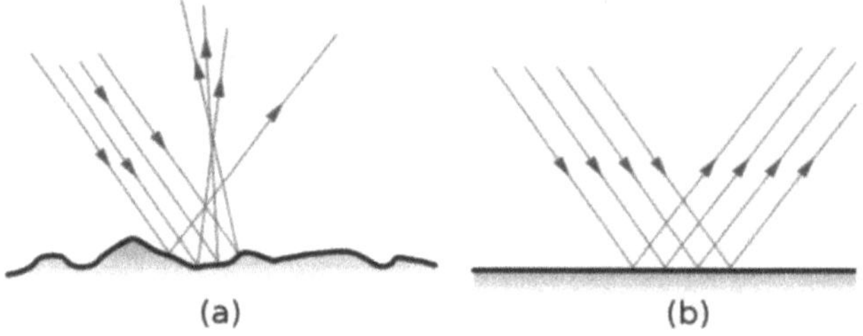

Bild 12.4 *Diffuse und gerichtete Reflexion*

Bildentstehung beim ebenen Spiegel

Treffen die Lichtstrahlen auf die Oberfläche des ebenen Spiegels, werden sie nach dem Reflexionsgesetz reflektiert.

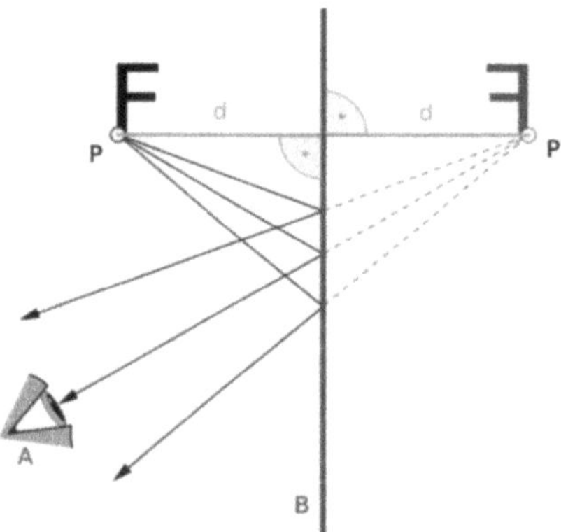

Bild 12.5 *Bildentstehung beim ebenen Spiegel*

Befindest man sich im Punkt A empfängt das Auge diese Lichtstrahlen. Da Lichtstrahlen aber unsichtbar sind, bekommt man von dem „Knick" der Lichtstrahlen nichts mit und das Gehirn verlängert sie gedanklich geradlinig nach hinten. So kommt es, dass man im Schnittpunkt P' der gedachten Lichtstrahlen (gestrichelte Linien) das Spiegelbild sieht. Spiegelbild und Gegenstand befinden sich in derselben Entfernung vom Spiegel.

12.3 Gewölbte Spiegel

Sphärische Spiegel

Ein **Hohlspiegel** ist ein konkav (nach innen) gewölbter Spiegel. Praktische Verwendung finden vor allem **Hohlspiegel** in Form eines Kugelausschnitts („sphärische" Spiegel) und in Form von Rotationsparaboloiden (Parabolspiegel). Ein **sphärischer Spiegel** kann als Teil einer Kugel betrachtet werden. Die Gerade durch Krümmungsmittelpunkt und Mittelpunkt der Spiegel (Scheitel) wird **optische Achse** genannt. Je nachdem, welche Seite der Kugelkalotte verspiegelt wird, entsteht ein Sammelspiegel (Innenseite verspiegelt; **konkav**) oder ein **Zerstreuungsspiegel** (Außenseite verspiegelt; **konvex**).

Bei einem **Hohlspiegel** wird parallel einfallendes Licht so **reflektiert**, dass es nach der **Reflexion** in einem Punkt, dem Brennpunkt, konzentriert wird (Bild 12.6 links).

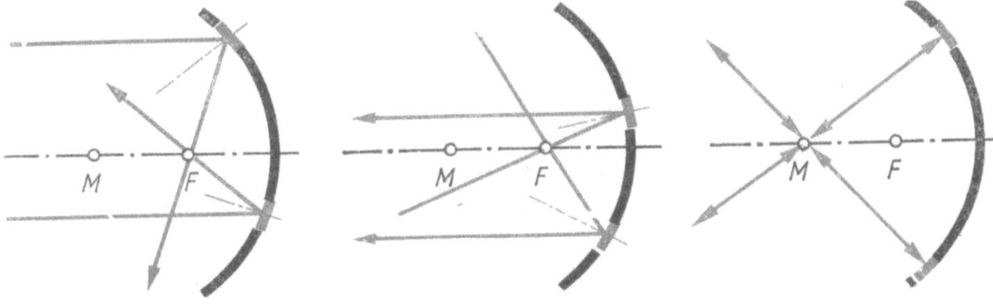

Parallelstrahlen   Brennpunktstrahlen   Mittelpunktstrahlen

Bild 12.6 *Strahlenverlauf am Hohlspiegel (sphärischen Spiegel)*

Strahlen, die durch den Brennpunkt verlaufen, werden als Parallelstrahlen reflektiert (Bild 12.6 Mitte). Strahlen, die durch den Mittelpunkt laufen, laufen auch nach der Reflexion durch den Mittelpunkt (Bild 12.6 rechts). Achsennahe Strahlen schneiden die optische Achse annähernd im Brennpunkt F, achsenferne Strahlen zwischen Brennpunkt und optischen Mittelpunkt. Die reflektierten Strahlen umhüllen eine deutlich sichtbare gekrümmte Fläche, die als Katakaustik bezeichnet wird. Man spricht auch von **sphärischer Aberration.**

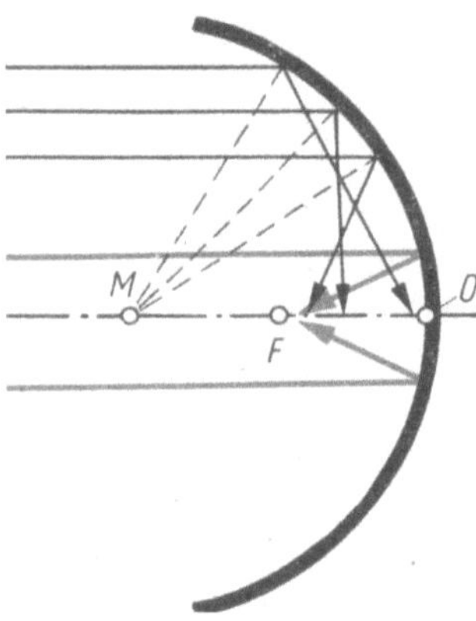

Bild 12.7 *Achsenparallele Strahlen am Hohlspiegel.*

Man kann die Katakaustik leicht z.B. bei einem Metallring im Sonnenschein sehen.

Bild 12.8 *Katakaustik*

Die Brennweite f eines sphärischen Hohlspiels ist etwa halb so groß wie der Krümmungsradius r des Spiegels:

$$f \approx \frac{r}{2}$$

Je nach der Position des Gegenstandes lassen sich beim **sphärischen Sammelspiegel** unterschiedliche Bilder unterscheiden. Befindet sich der Gegenstand zwischen Brennpunkt F und Scheitel S – **innerhalb der einfachen Brennweite** – entstehen divergente Strahlen und das Bild ist

- virtuell
- aufrecht
- vergrößert

Befindet sich der Gegenstand zwischen Mittelpunkt M und Brennpunkt F – **zwischen einfacher und doppelter Brennweite** – entstehen konvergente Strahlen und das Bild ist
- reell
- verkehrt
- vergrößert

Befindet sich der Gegenstand in einer Entfernung größer als der Spiegelradius – **außerhalb der doppelten Brennweite**- entstehen ebenfalls konvergente Strahlen und das Bild ist
- reell
- verkehrt
- verkleinert

Befindet sich der Gegenstand exakt im Brennpunkt F erhält man kein Bild. Befindet sich der Gegenstand exakt im Mittelpunkt M sind Gegenstand und Bild gleich groß.

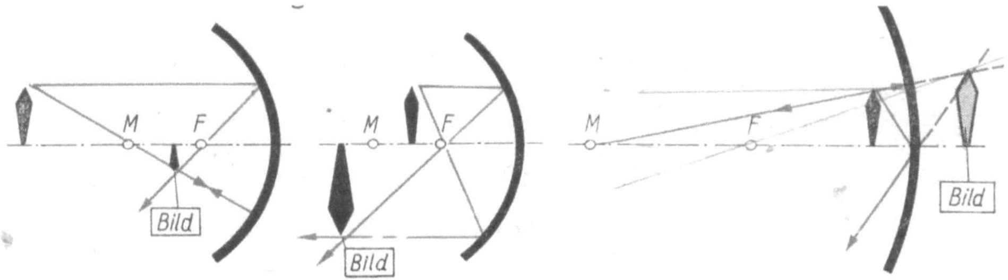

Bild 12.9 *Bilder am sphärischen Sammelspiegel*

Hohlspiegel werden für kosmetische Zwecke wie Schminken oder Rasieren verwendet. Es wird eine konkav-gewölbte Form verwendet um das Gesicht größer erscheinen zu lassen.

Beim **sphärischen Zerstreuungsspiegel** (engl. *convex mirror*) entstehen stets divergente Strahlen und das Bild ist immer
- virtuell

- aufrecht
- verkleinert

Fängst man aber die divergenten Lichtstrahlen eines Gegenstandes auf einer Leinwand auf, wird die Leinwand zwar hell, aber es kann kein Bild entstehen, weil sich die Lichtstrahlen eines Punktes nicht in einem Punkt wieder vereinigen. Ein **virtuelles Bild** kann also nicht projiziert werden.

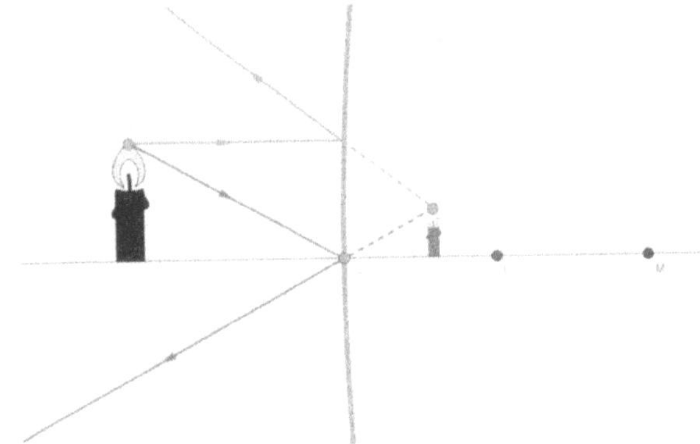

Bild 12.10 *Zerstreuungsspiegel*

Parabolspiegel

Bei einem Parabolspiegel verlaufen alle reflektierten Parallelstrahlen durch einen Brennpunkt.

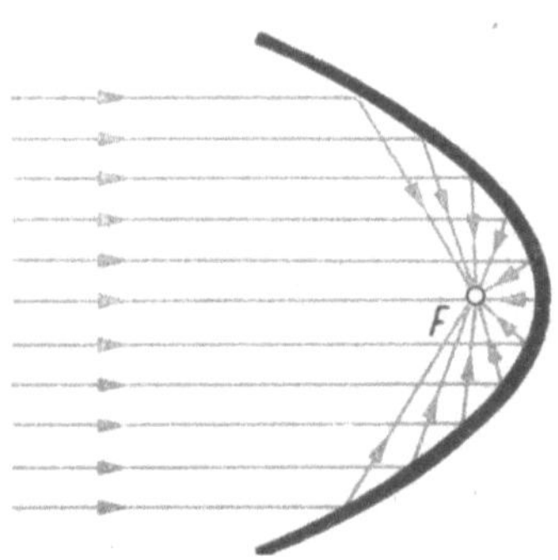

Bild 12.11 *Paralleles Strahlenbündel in einem Parabolspiegel*

12. 4 Abbildungsgleichung für Linsen und Spiegel

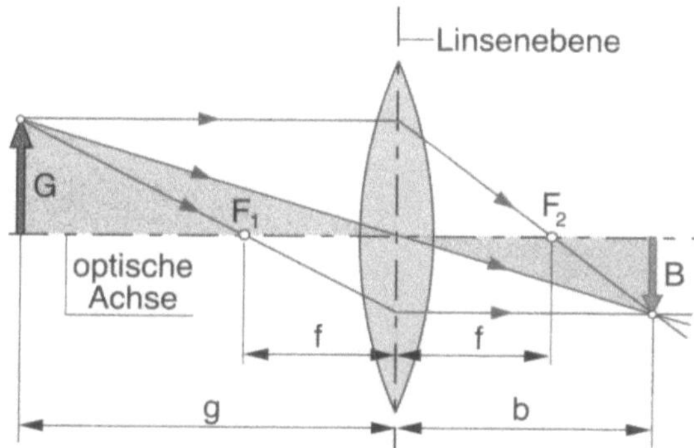

Bild 12.12 *Herleitung der Abbildungsgleichung*

In Bild 12.12 sehen wir den Strahlenverlauf von Brennpunktsstrahl, Mittelpunktsstrahl und Parallelstrahl durch eine Sammellinse.

G Gegenstandsgröße

B Bildgröße

g Gegenstandsweite

b Bildweite

Wir betrachten zuerst den Mittelpunktsstrahl. Aus der Ähnlichkeit der Dreiecke ergibt sich:

$$\frac{B}{G} = \frac{b}{g} \qquad (1)$$

Rechts von der Linse finden wir zwei weitere ähnliche Dreiecke:

$$\frac{G}{f} = \frac{B}{b-f} \qquad (2)$$

Bringen wir Gleichung (1) und Gleichung (2) zusammen, so erhalten wir die Linsengleichung oder Abbildungsgleichung:

$$\frac{1}{f} = \frac{1}{g} + \frac{1}{b}$$

Die Linsengleichung gilt auch für **Zerstreuungslinsen**. Bei Zerstreuungslinsen ist die Brennweite negativ. Auch die Bildgröße hat ein negatives Vorzeichen.

Das bedeutet, dass das Bild auf der gleichen Seite der Linse liegt wie der Gegenstand und dass es ein virtuelles Bild ist.

Das Verhältnis B/G wird auch als Abbildungsmaßstab A bezeichnet.

$$\frac{B}{G} = \frac{b}{g} = A$$

Beispiel

Wir betrachten eine Zerstreuungslinse, die eine Brennweite von -20 cm hat. Der Gegenstand (4 cm groß) befinde sich 8 cm vor der Linse. Wie groß ist das virtuelle Bild?

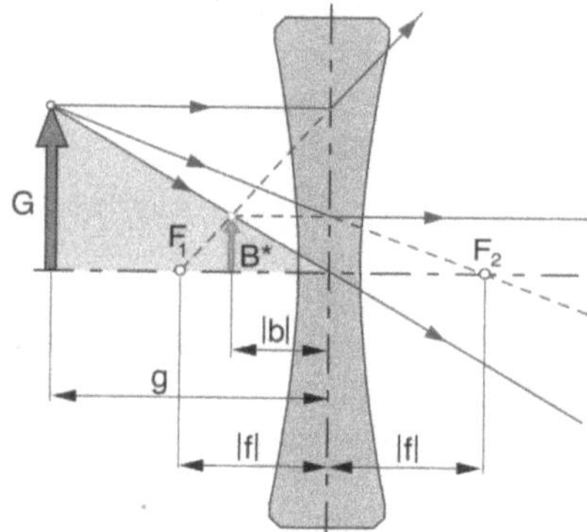

Bild 12.13 *Bildentstehung bei einer Zerstreuungslinse*

Wir gehen von der Abbildungsgleichung aus und stellen diese nach b um.

$$\frac{1}{f} = \frac{1}{g} + \frac{1}{b}$$

$$b = \frac{g \cdot f}{g - f} = \frac{(8\,\text{cm}) \cdot (-20\,\text{cm})}{8\,\text{cm} - (-20\,\text{cm})} = -5,7\,\text{cm}$$

Die Bildweite beträgt $-5,7$ cm.

$$B = \frac{b}{g} \cdot G = \frac{-5,7\,\text{cm}}{8\,\text{cm}} \cdot 4\,\text{cm} = -2,85\,\text{cm}$$

Das Bild ist 2,85 cm groß.

12.5 Licht in unterschiedlichen Medien- Lichtbrechung

Brechungsgesetz

Die Brechung ist eine natürliche Folge der verschiedenen Ausbreitungsgeschwindigkeiten des Lichts in den verschiedenen Medien. Die Bahn eines Lichtstrahls zwischen zwei Punkten verläuft so, dass das Licht auf diesem Wege die kürzestmögliche Zeit benötigt. Dieses Verhalten bezeichnet man auch als den **Fermatschen Satz** (nach Pierre de Fermat) der schnellsten Ankunft, oder allgemeiner als Prinzip des kleinsten Zwangs. Dieses Verhalten kann mit dem Brechungsgesetz beschrieben werden: Das Verhältnis aus dem Sinus des Brechungswinkels und der Ausbreitungsgeschwindigkeit ist eine Konstante. Man spricht auch davon, dass der *optisch* kürzeste Weg zurückgelegt wird.

$$\frac{\sin \alpha_1}{c_1} = \frac{\sin \alpha_2}{c_2} = \text{constant}$$

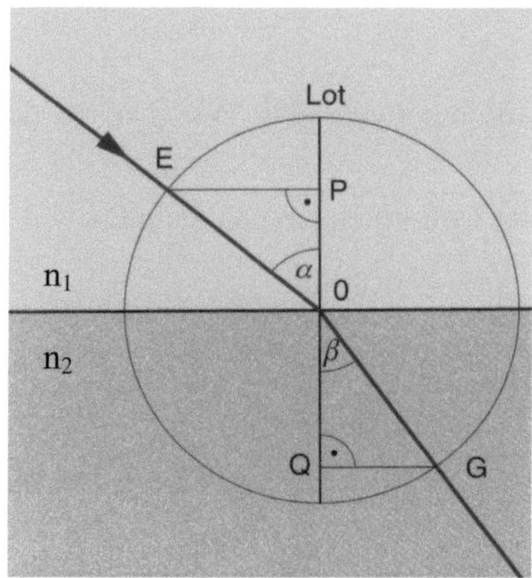

Bild 12.14 *Brechungsgesetz in einer Darstellung nach Descartes*

Das Snelliussches Brechungsgesetz beschreibt, wie stark das Licht beim Übergang von einem Medium in ein anderes gebrochen wird.

$$\frac{\sin \alpha}{\sin \beta} = \frac{\overline{EP}}{\overline{QG}} = \frac{c_1}{c_2} = n_{12} = \frac{n_2}{n_1}$$

α Einfallswinkel

β Winkel im anderen Medium

c_1 Lichtgeschwindigkeit im Medium 1

c_2 Lichtgeschwindigkeit im Medium 2

n_{12} relative Brechzahl für den Übergang von Medium 1 nach Medium 2
n_1 absolute Brechzahl (Brechungsindex) im Medium 1
n_2 absolute Brechzahl im Medium 2

Die absoluten Brechzahlen beschreiben das Verhältnis der Lichtgeschwindigkeit im Vakuum zur Lichtgeschwindigkeit im Medium. Sie sind tabelliert. Luft hat die Brechzahl 1,0003, Diamant 2,417 und Wasser 1,333.

Weiterhin gilt der Zusammenhang zwischen Frequenz f, Wellenlänge λ und Lichtgeschwindigkeit c und Zeit t:

$$c = \frac{\lambda}{t} = \lambda \cdot f$$

Bei der Brechung ändert sich die Wellenlänge, die Frequenz bleibt konstant.

Beispiel

Licht treffe im Winkel von 40° auf eine Platte aus Quarzglas. Wie groß ist der Brechungswinkel?

Quarzglas hat einen Brechungsindex von 1,46; Luft einen Brechungsindex von 1.

$$\frac{\sin \alpha}{\sin \beta} = \frac{n_2}{n_1}$$

$$\sin \beta = \frac{n_1}{n_2} \sin \alpha = \frac{1}{1,46} \sin 40° = 0,44 \quad \Rightarrow \quad \beta = 26,1°$$

Der Ausfallwinkel beträgt 26,1°.

Die Brechung geschieht in Abhängigkeit von der Wellenlänge. Langwelliges Licht wird im Allgemeinen geringfügig schwächer gebrochen als kurzwelliges. Diesen Vorgang bezeichnet man als normale Dispersion. (Bild 12.18)

Totalreflexion

Bild 12.15 zeigt den Lichtdurchgang vom optisch dichteren Medium zum optisch dünneren Medium. Der Einfallswinkel wächst von (1) bis (4) allmählich. Im Fall (3) beträgt der Ausfallswinkel 90°. Bei noch größerem Einfallswinkel (4) kommt es zur Totalreflexion. Der Lichtstrahl wird zurück in das dichtere Medium reflektiert. Den Winkel α bei dem $\beta = 90°$ wird, bezeichnet man als **Grenzwinkel der Totalreflexion.**

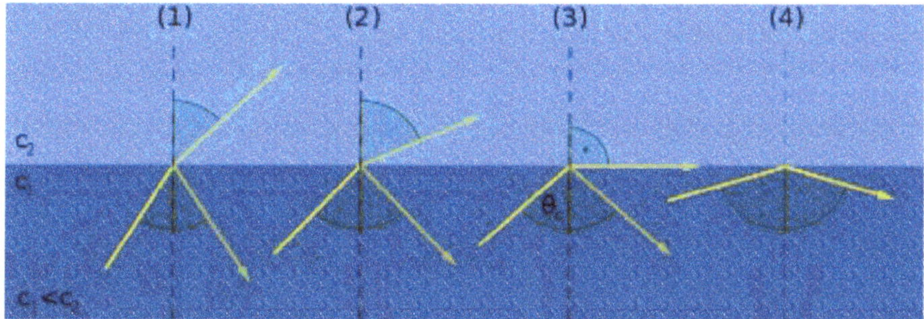

Bild 12.15 *Totalreflexion*

Beispiel 1

Wie groß ist der Grenzwinkel der Totalreflexion für den Übergang des Lichts von Quarzglas nach Luft? Quarzglas hat einen Brechungsindex von 1,459.

$$\frac{\sin \alpha}{\sin \beta} = \frac{n_2}{n_1} \quad \Rightarrow \quad \sin \alpha = \frac{1}{1,459} \sin 90° = 0,685$$

Der Grenzwinkel der Totalreflexion beträgt 43,27°.

Beispiel 2

Welche Brechzahl muss ein zylindrischer Glasstab mindestens haben, damit alle durch seine Stirnfläche eintretenden Lichtstrahlen durch Totalreflexion im Glas verbleiben?

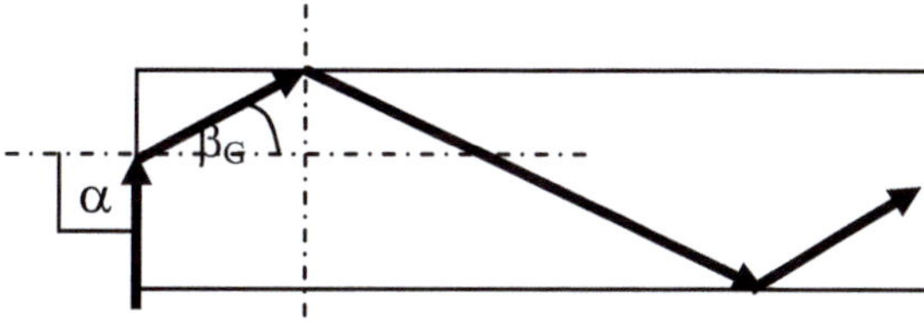

Bild 12.16 *Totalreflexion in einem Glasstab*

In den Glasstab einfallendes Licht kann Winkel zwischen 0° und 90° haben. Streifend eintretendes Licht ($\alpha = 90°$) habe den Brechungswinkel β_G Es trifft unter $90° - \beta_G$ auf die Glaswand. Dieser Winkel muss größer als β_G sein, also $\beta_G < 45°$. Daraus folgt

$$n > \frac{1}{\sin 45°} = 1{,}41$$

Der Glasstab muss mindestens eine Brechzahl von 1,41 haben.

Die Totalreflexion wird im Lichtleitkabel angewendet.

Lichtdurchgang durch ein Prisma

Beim Durchgang durch ein Prisma wird der Lichtstrahl zweimal gebrochen. Die Gesamtablenkung des Lichts ist von der Größe des brechenden Winkels und vom Einfallswinkel abhängig. Sie ist ein Minimum beim symmetrischen Durchgang des Lichts durch das Prisma. Wir betrachten dazu Bild 12.17.

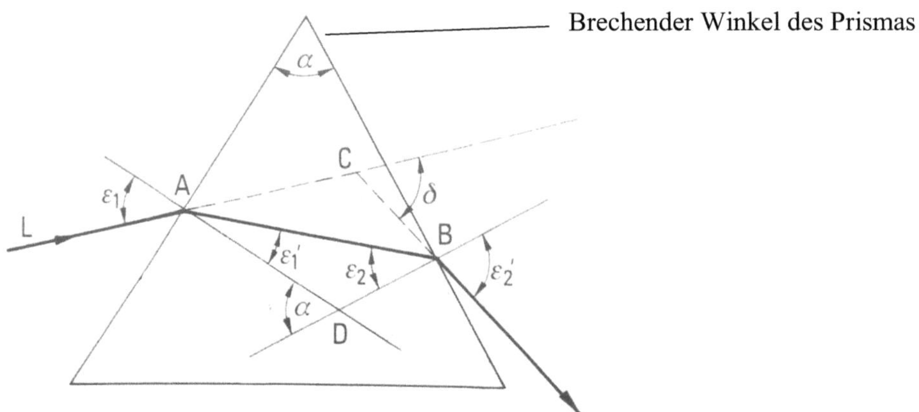

Bild 12.17 *Zweimalige Brechung des Lichts beim Durchgang durch ein Prisma*

Im Dreieck ABC gilt offenbar:

$$\delta = \varepsilon_1 - \varepsilon_1' + \varepsilon_2' - \varepsilon_2$$

Die Normalen durch A und B schneiden sich im Punkt D. Im Dreieck ABD gilt:

$$\alpha = \varepsilon_1' + \varepsilon_2$$

Damit ergibt sich für die Gesamtablenkung beim Strahlendurchgang durch das Prisma:

$$\delta = \varepsilon_1 + \varepsilon_2' - \alpha$$

Beim symmetrischen Strahlendurchgang wird die Ablenkung minimal und es ergibt sich

$$\varepsilon_1' = \varepsilon_2 = \frac{\alpha}{2}$$

Beispiel

Ein Prisma habe einen brechenden Winkel $\alpha = 40°$, einen Brechwert $n = 1,5$ und das Licht trifft in einem Winkel von $45°$ auf das Prisma.
a) Welche Gesamtablenkung ergibt sich für den Lichtstrahl?
b) Welche Ablenkung ergibt sich bei symmetrischem Lichtdurchgang?

a) $\qquad \dfrac{\sin \varepsilon_1}{\sin \varepsilon_1'} = n$

$$\sin \varepsilon_1' = \frac{\sin \varepsilon_1}{n} = \frac{\sin 45°}{1,5} = 0,471$$

$$\varepsilon_1' = 28,126°$$

$$\varepsilon_2 = \alpha - \varepsilon_1' = 40° - 28,126° = 11,87°$$

$$\frac{\sin \varepsilon_2'}{\sin \varepsilon_2} = n$$

$$\sin \varepsilon_2' = n \cdot \sin \varepsilon_2 = 1,5 \cdot \sin 11,87° = 0,3086$$

$$\varepsilon_2' = 17,98°$$

$$\delta = \varepsilon_1 + \varepsilon_2' - \alpha = 45° + 17,98° - 40° = 22,98°$$

Die Gesamtablenkung beträgt $22,98°$.

b) Bei symmetrischem Durchgang ist

$$\varepsilon_1' = \varepsilon_2 = \frac{\alpha}{2}$$

$$\sin \varepsilon_1 = n \cdot \sin \varepsilon_1' = n \cdot \sin \frac{\alpha}{2} = 1,5 \cdot \sin 20° = 0,513$$

$$\varepsilon_1 = 30,86° = \varepsilon_2'$$

$$\delta = \varepsilon_1 + \varepsilon_2' - \alpha = 30{,}86° + 30{,}86° - 40° = 21{,}73°$$

Bei symmetrischem Lichtdurchgang beträgt die Ablenkung 21,73°.

Man kann den Lichtdurchgang durch ein Prisma zur Bestimmung der Brechzahl verwenden.

Dispersion am Prisma

Die Lichtbrechung ist auch von der Wellenlänge des Lichts anhängig. Kurzwelliges Licht wird stärker gebrochen als langwelliges.

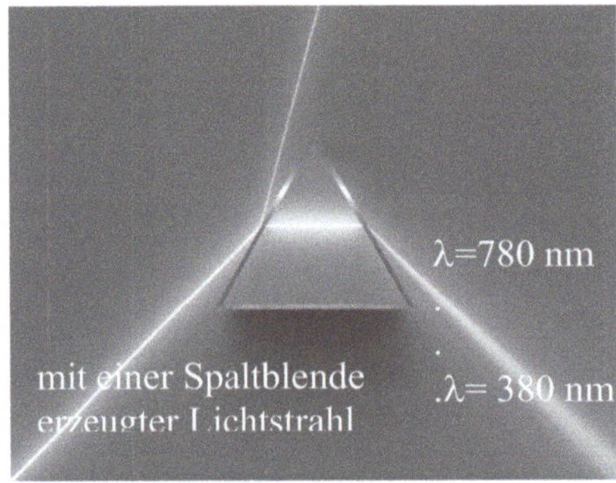

12.18 *Lichtdurchgang durch ein Prisma*

Tritt Licht, das aus allen Wellen von 380 bis 780 nm besteht und als „weißes Licht" empfunden wird, auf ein Prisma, so erlebt ein Beobachter die Aufspaltung des Lichtes in verschiedene Wellenlängen als ein farbiges, kontinuierliches Spektrum (Bild 12.18). In diesem Spektrum gibt es kein Magenta.

Es ist wichtig den Beobachter neben dem Prisma mit einzuzeichnen, denn die **Farbe entsteht erst im Kopf des Beobachters**.

Vom Lichtreiz zur Farbempfindung

Ein Farbreiz, ausgehend von einem Selbstleuchter, erreicht das Auge entweder auf direktem Weg oder indirekt über Körper, die sich im Strahlengang befinden. Der Farbreiz enthält somit Informationen über die Lichtquelle, aus der er stammt, und über den Körper, von dem er remittiert wurde oder den er transmittiert hat.

Der Mensch kann Strahlung zwischen 380 und 780 nm mit dem Auge registrieren. Tiere haben zum Teil einen anderen Spektralbereich, den Sie visuell wahrnehmen können.

12.6 Das menschliche Auge

Das menschliche Auge hat drei Arten von Farbrezeptoren, die in verschiedenen Wellenlängenbereichen empfindlich sind. Diese sind unter der Bezeichnung Zäpfchen (Zapfen) bekannt. Des Weiteren besitzt der Mensch noch lichtempfindliche Stäbchen, die schon bei geringerer Helligkeit ansprechen und die beim Sehen in der Dämmerung genutzt werden. Insgesamt umfasst der Empfindlichkeitsbereich des Auges 15 Zehnerpotenzen.

Bei den weiteren Betrachtungen soll als Auge stets das menschliche Auge im Mittelpunkt stehen. Die Augen der Tiere sind zum Teil wesentlich anders aufgebaut. Denken wir z.B. an das Facettenauge von Insekten. Aber auch der Spektralbereich, der wahrgenommen werden kann, kann sich von demjenigen des Menschen unterscheiden. So kann z.B. die Honigbiene im UV-Bereich sehen, in einem Bereich, in dem der Mensch kein Sehvermögen hat. Der langwellige Bereich, der beim Menschen zu roten Farbempfindungen führt, ist dagegen für die Honigbiene unsichtbar. Auch Vögel haben einen vierten Rezeptor im UV-Bereich. Das macht auch Sinn, denn viele Vogelfedern reflektieren im UV-Bereich. Einige Tierarten sind zu Farbempfindungen gar nicht fähig. So sehen z. B. Fledermäuse und Kängurus eine **schwarzweiße Welt.**

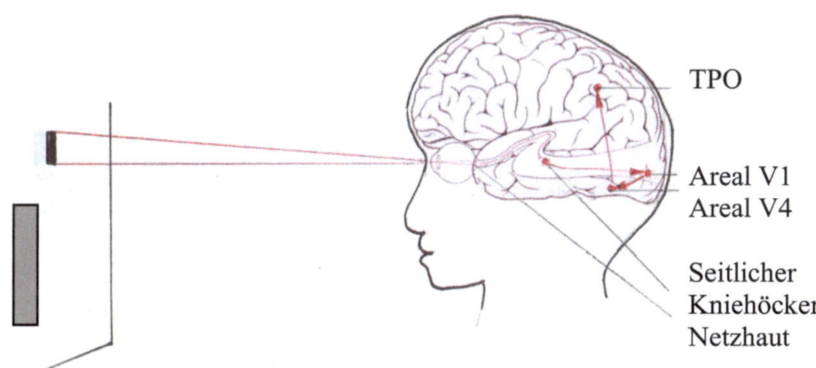

ild 12.19 *Entstehung einer Farbempfindung. Wenn elektromagnetische Strahlung des Wellenlängenbereichs 380...780 nm auf das Auge trifft, entsteht im Areal V4 die Farbempfindung*

Die Brechkraft der Linse ist veränderlich und kann durch die Akkommodation an verschiedene Entfernungen angepasst werden. Bei entspanntem Muskel ist das Auge auf weit entfernte Gegenstände eingestellt. Für die Betrachtung von Gegenständen in der Nähe ist eine Anspannung des Muskels erforderlich.

Der Querschnitt des einfallenden Lichtbündels wird über die Öffnung der Pupille mit Hilfe der Irisblende geregelt. Die vom Menschen betrachteten Gegenstände werden auf die Netzhaut (Retina) am Augenhintergrund abgebildet. Die Netzhaut hat an der von der Einfallsrichtung des Lichts abgewandten Seite lichtempfindliche Sinneszellen. Das Auge besitzt 4-7 Millionen zapfenförmige Zellen, die an der Stelle des deutlichsten Sehens am stärksten konzentriert sind. In diesem Bereich gibt es keine Stäbchen. Stäbchen gibt es 110-125 Millionen in den anderen Bereichen der Netzhaut. Am blinden Fleck befinden sich keine Photorezeptoren. Dort passieren die Sehnerven, zu einem Strang vereinigt, die Netzhaut. Über die Sehnerven erfolgt die Weiterleitung der Signale zum Gehirn, zunächst zum seitlichen Kniehöcker (corpus geniculatum laterale = CGL) und danach zum visuellen Cortex. Die Information jeder Sehfeldhälfte wird in dem der betreffenden Sehfeldhälfte gegenüberliegenden Teil des visuellen Cortex verarbeitet. Es gibt verbindende Nervenstränge, die einen Informationsaustausch der beiden Gehirnhälften ermöglichen.

Die optischen Informationen werden zunächst zum Areal V1, der primären Sehrinde, geleitet, anschließend wird im Areal V4 die Farb-Information erzeugt. Die Informationen über Farbe, Form und Bewegung werden anschließend im „Dreiländereck", das zwischen Temporal-, Parietal- und Okzipitallappen (TPO) liegt, zusammengeführt. Das chiasma opticum ist der Kreuzungspunkt der Sehbahnen. Im corpus geniculatum laterale (Kniehöcker) findet bereits ein Teil der Signalweiterverarbeitung statt.

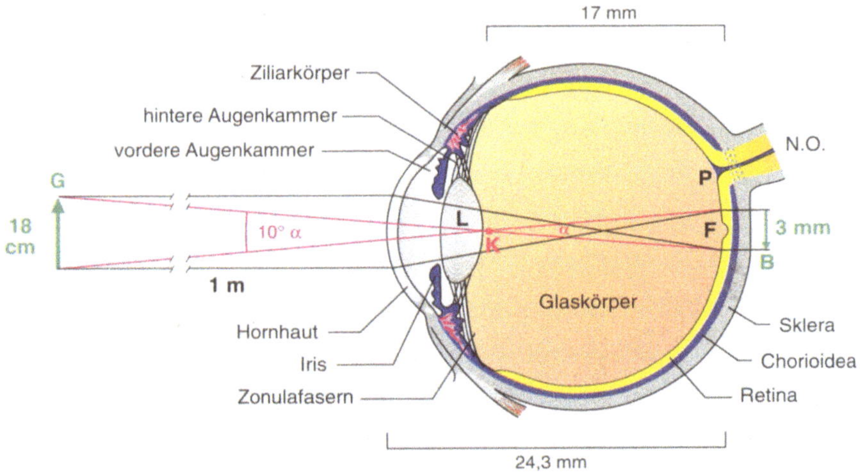

Bild 12.20 *Bildentstehung im Auge*

12.7 Optische Geräte

Die **Brechkraft D** ist ein Maß für die strahlenbrechende Wirkung eines abbildenden optischen Systems. Sie ist der Kehrwert der Brennweite.

$$D = \frac{1}{f}$$

Die Maßeinheit der Brechkraft ist die Dioptrie (dpt).

Konvexe Linsen haben positive Brechkraft und konkave Linsen negative. Das normale Auge hat eine Brechkraft von 59 bis 60 Dioptrien.

Der **Abbildungsmaßstab** (oder die **laterale Vergrößerung**) ist das Verhältnis von **Bildgröße** zu **Gegenstandsgröße**. Der Abbildungsmaßstab ist unabhängig vom Standpunkt des Betrachters. Die **Vergrößerung V** ist das Verhältnis **des Sehwinkels des Auges mit optischem Gerät α'** zum **Sehwinkel ohne optisches Gerät α**. Dabei ist der Sehwinkel der Winkel zwischen den beiden Strahlen, die von den Grenzen des Gegenstandes zum Auge verlaufen.

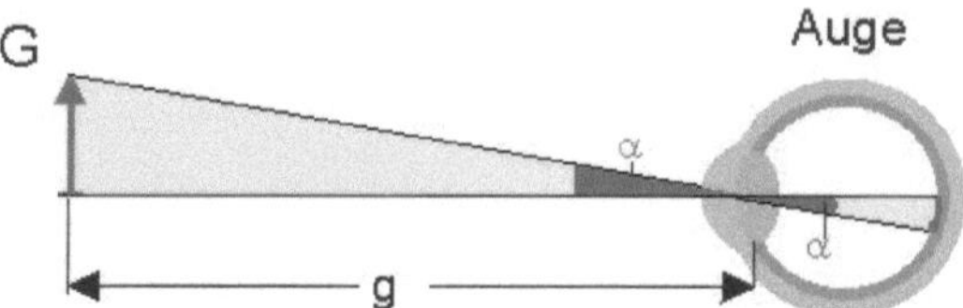

Bild 12.21 *Sehwinkel*

Anstelle des Sehwinkels wird aus rechnerischen Gründen der Tangens des Sehwinkels verwendet.

$$V = \frac{\tan \alpha'}{\tan \alpha}$$

Zunächst beschäftigen wir uns mit Linsen zur Korrektur von Fehlsichtigkeiten.

Im **weitsichtigen Auge** treffen die Strahlen hinter der Netzhaut aufeinander. Eine Sammellinse mit der passenden Brechkraft bringt das Bild exakt auf die Netzhaut. In Bild 12.22 ist die Wirkung einer **Brille zur Korrektur von Weitsichtigkeit** abgebildet.

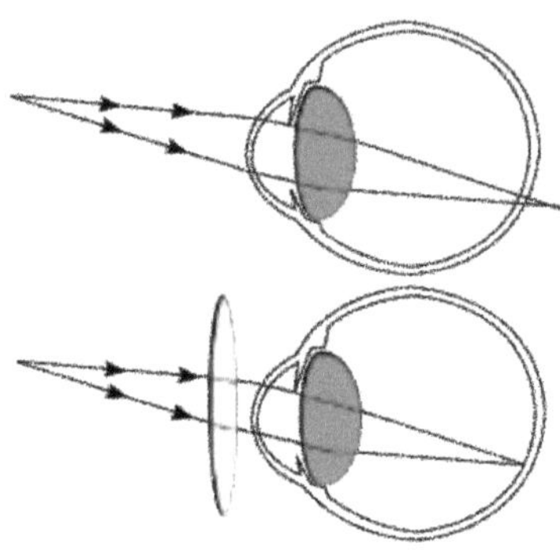

Bild 12.22 *Weitsichtiges Auge und Auge mit Sammellinse zur Korrektur der Weit-sichtigkeit*

Bei **Kurzsichtigkeit** besteht ein Missverhältnis zwischen Baulänge des Auges und der Brechkraft der Linse. Auch bei minimaler Krümmung der Augenlinse liegt das Bild vor der Netzhaut. Die Kurzsichtigkeit kann mit einer Brille mit Zerstreuungslinse korrigiert werden.

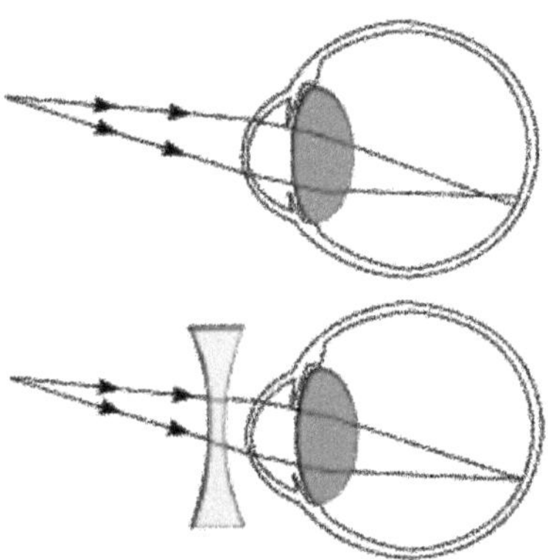

Bild 12.23 *Kurzsichtiges Auge und Auge mit Zerstreuungslinse zur Korrektur der Kurzsichtigkeit.*

Bei den **optischen Geräten** unterscheidet man Okular und Objektiv. Ein **Okular** ist der augenseitig (lateinisch oculus = Auge) optisch wirksame Teil eines optischen Systems. Ein **Objektiv** ist ein sammelndes optisches System, das eine reelle optische Abbildung eines Gegenstandes (Objektes) erzeugt.

Das einfachste Objektiv besteht aus einer Konvexlinse, deren freie Öffnung zur Verminderung von sphärischen Abbildungsfehlern durch eine Blende verkleinert wird.

Lupe, Fernrohr und Mikroskop verwendet man, um einen Gegenstand vergrößert betrachten zu können. Bild 12.24 zeigt den Strahlengang einer **Lupe**. Eine Lupe ist eine Sammellinse und der Gegenstand wird innerhalb der Brennweite positioniert, so dass sich ein vergrößertes virtuelles Bild ergibt.

Die Vergrößerung einer Lupe V_{Lupe} ist das Verhältnis der deutlichen Sehweite s des Menschen zur Brennweite f:

$$V_{Lupe} = \frac{\tan \alpha'}{\tan \alpha} = \frac{\dfrac{G}{f}}{\dfrac{G}{s}} = \frac{s}{f}$$

Für die deutliche Sehweite des Menschen wird dabei 25 cm verwendet.

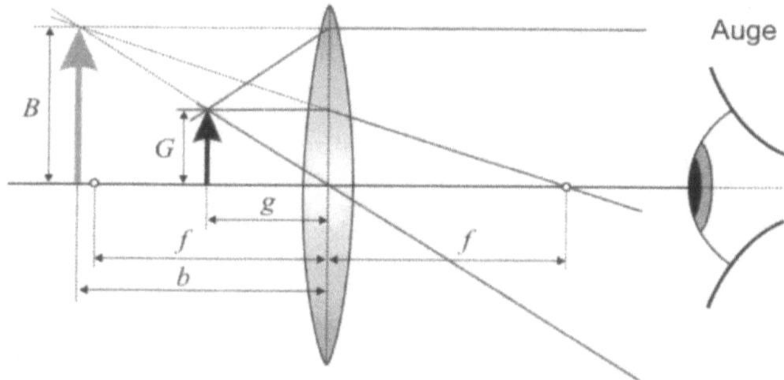

Bild 12.24 *Lupe*

Beispiel

Eine Lupe habe eine Brennweite von 50 mm. Wie groß ist die Vergrößerung?

$$V_{Lupe} = \frac{s}{f} = \frac{25\,cm}{50\,mm} = 5$$

Die Lupe vergrößert um das 5-Fache.

In Bild 12.25 ist der Strahlengang des **Galilei-Fernrohrs** zu sehen. Das Galilei-Fernrohr, auch holländisches Fernrohr genannt, wurde 1608 von einem holländischen Brillenmacher erfunden und von dem Physiker und Mathematiker Galileo Galilei weiterentwickelt.

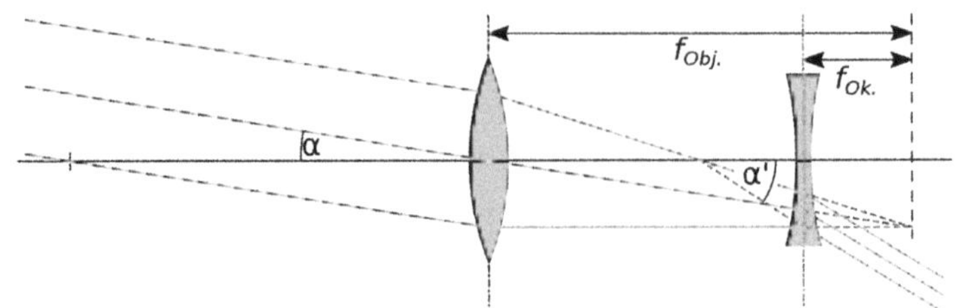

Bild 12.25 *Galileo Fernrohr*

Es hat als Objektiv eine Sammellinse und als Okular eine Zerstreuungslinse kleinerer Brennweite. Das Okular muss innerhalb der Brennweite des Objektivs so liegen, dass die Brennpunkte von Objektiv und Okular auf der Seite des Beobachters zusammenfallen. Das Bild ist ein virtuelles, aufrechtes und seitenrichtiges Bild mit kleinem Sichtfeld. Das Galilei-Fernrohr wird heute beim Opernglas, bei der Fernrohrbrille und bei Telekonvertern eingesetzt.

Das **KeplerscheFernrohr** oder **astronomisches Fernrohr** wurde wahrscheinlich von Johannes Kepler (1611) entwickelt.

Keplersche Fernrohre erzeugen für den Beobachter ein seitenvertauschtes und auf dem Kopf stehendes Bild. Dieser Nachteil kann mit weiteren Linsen oder mit Prismen korrigiert werden.

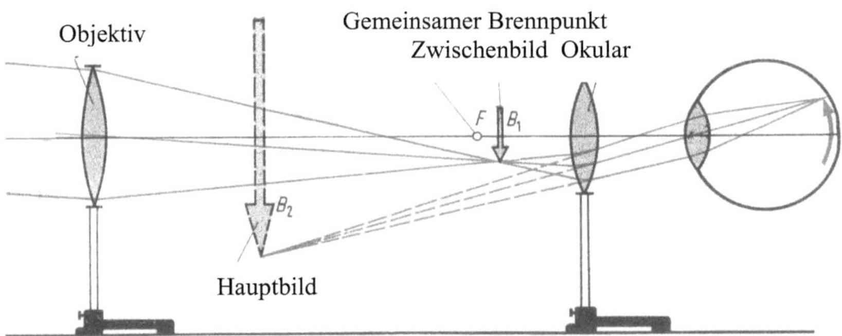

Bild 12.26 *Keplersches Fernrohr*

Das Gesichtsfeld ist ausgedehnter als beim Galilei-Fernrohr.

Das Objektiv hat eine große Brennweite und erzeugt ein reelles Bild, das sehr nahe am Brennpunkt entsteht. Dieses wird mit einem kurzbrennweitigen Okular,

222

betrachtet, das als Lupe verwendet wird. Okular und Objektiv sind im Abstand ihrer addierten Brennweiten aufgestellt.

Für die Vergrößerung eines Fernrohres gilt:

$$V = \frac{\alpha'}{\alpha} = \frac{f_{Ob}}{\left| f_{Ok} \right|}$$

Beispiel

Ein Fernrohr habe ein Objektiv mit einer Brennweite von 1000 mm und ein Okular mit einer Brennweite von 5 mm.

Wie groß ist die Vergrößerung des Fernrohrs?

$$V = \frac{f_{Ob}}{\left| f_{Ok} \right|} = \frac{1000\,\text{mm}}{5\,\text{mm}} = 200$$

Das Fernrohr hat eine 200 fache Vergrößerung.

Beim **Mikroskop** wird ein sehr kleiner Gegenstand durch eine erste Linse mit kurzer Brennweite (Objektiv) auf einem Zwischenbild abgebildet. Dieses Zwischenbild wird mit einer als Lupe verwendeten zweiten Linse (Okular) betrachtet.

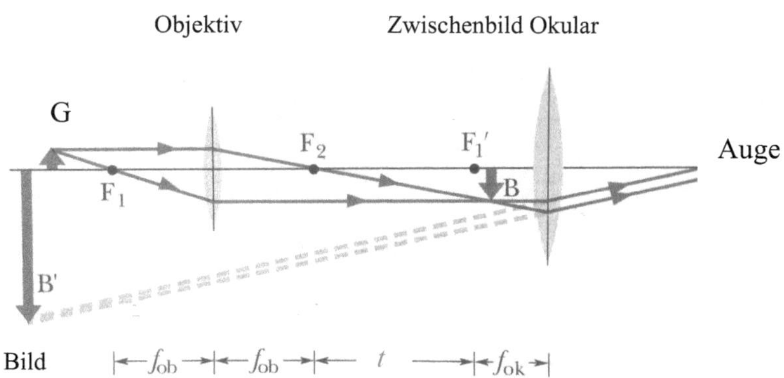

Bild 12.27 *Mikroskop*

Für den Abbildungsmaßstab des Objektivs gilt:

223

$$A_{Ob} = \frac{B}{G} \approx \frac{t}{f_{Ob}}$$

Dabei ist t der Abstand der beiden Brennpunkte. Dieser wird als optische Tubuslänge bezeichnet. In der Realität ist t sehr viel größer als in Bild 12.27 und viel größer als f_{ob}. Deshalb können wir den Abstand zwischen Objektiv und Bild B gleich t setzen.

Für die Vergrößerung des Okulars gilt:

$$V_{Ok} = \frac{s}{f_{Ok}}$$

Für die Vergrößerung des Mikroskops insgesamt ergibt sich:

$$V = A_{Ov} \cdot V_{Ok} = \frac{t}{f_{Ob}} \cdot \frac{s}{f_{Ok}}$$

Beispiel

Ein Mikroskop habe ein Objektiv mit einer Brennweite von 12 mm und ein Okular mit einer Brennweite von 20 mm. Die optische Tubuslänge ist 160 mm. Wie groß ist die Vergrößerung?

$$V = \frac{t}{f_{Objektiv}} \cdot \frac{s}{f_{Okular}} = \frac{160\,mm}{12\,mm} \cdot \frac{250\,mm}{20\,mm} = 167$$

Das Mikroskop hat eine 167-fache Vergrößerung.

Im Unterschied zu Lupe, Mikroskop und Fernrohr muss ein **Fotoapparat** ein **reelles Bild** erzeugen.

12.8 Aufgaben zur Optik

1.

Wie hoch muss ein Spiegel sein, damit eine 2 m große Person sich vollständig darin sehen kann?

2.

Ein Lichtstrahl trifft unter einem Einfallswinkel von 30° auf die waagerechte Oberfläche eines Glaskörpers (Brechzahl n = 1,5). Wie groß ist der Brechungswinkel?

3.

Ein Gegenstand von 20 cm Größe soll mit einer Zerstreuungslinse mit einer Brennweite f = – 50 mm abgebildet werden. Die Gegenstandsweite g = 20 cm. Berechnen Sie die Bildweite und die Bildgröße.

4.

Durch eine Sammellinse wird von einem 80 cm von der Mittelebene der Linse entfernten Gegenstand auf einem 20 cm hinter der Linse stehenden Schirm ein Bild erzeugt. Welche Brennweite hat die Linse?

5.

Ein Lichtstrahl trifft in einem Winkel von 40° auf ein Glasprisma (n = 1,5; brechender Winkel 30°).Um wie viel Grad wird es von seiner ursprünglichen Richtung abgelenkt?

6.

Berechnen Sie den Grenzwinkel der Totalreflexion für den Übergang von Wasser in Luft. Wasser hat einen Brechungsindex von 1,33.

7.

Mit einer dünnen Sammellinse (Brennweite f = 100 mm) soll ein Gegenstand von 80 mm Größe abgebildet werden. Der Abstand des Gegenstandes von der Linse beträgt 175 mm. Berechnen Sie die Bildweite und die Bildgröße.

8.

Vor einen Hohlspiegel mit dem Krümmungsradius r = 20 cm stellen wir in der Entfernung g = 60 cm einen leuchtenden Gegenstand. In welchem Abstand vom Hohlspiegel sollte man einen Schirm aufstellen, um ein scharfes Bild zu sehen?

9.

Ein normalsichtiges Auge betrachtet einen 3 cm großen Gegenstand, der sich in 50 cm Abstand vor dem Auge befindet. Die Brennweite des Auges beträgt in dieser Entfernung f = 16 mm. Wie groß ist das Netzhautbild?

Lösungen

Vollständige Lösungen sind in dem Buch „Physik im Studienkolleg - Aufgaben mit vollständigen Lösungen", Amazon Kindel Direct Publishing 2022, ISBN: 9798464885738 zu finden.

Kapitel 2

Gleichförmige Bewegung
1.
a) Das erste Fahrzeug erreicht das Ziel zuerst.
b) Die Zeitdifferenz beträgt 2,5 min.
c) Die Durchschnittsgeschwindigkeit beträgt 53,3 km/h.

2.
$\Delta v =$ 10 km/h;
$\Delta s = 20$ m $+4$ m $+ 14$ m $+ 20$ m $= 58$ m
Der Überholvorgang dauert 0,0058 h $=$ 20,9 s.
Der Überholweg beträgt 406 m.

3.
Das Licht benötigt 8 Minuten und 19 Sekunden.

4.
Eine Schallwelle legt in einer Minute einen Weg von 19,9 km zurück.

5.
In einer Sekunde legt eine Schallwelle rund 1/3 km zurück, in drei Sekunden rund 1 km.

Gleichmäßig beschleunigte Bewegung
6.
a) Die Beschleunigung muss 4 m/s^2 betragen.
b) Die dann erreichte Geschwindigkeit beträgt 20 m/s.

7.
Die Verzögerung beträgt $-$ 0,80 m/s^2.
Der Bremsvorgang dauert 22,3 s.

8.
a) Die Beschleunigung beträgt 0,67 m/s^2.

b) Der zurückgelegte Weg beträgt 450 m.
c) Die Beschleunigung beträgt 1 m/s^2; der Weg beträgt 300 m.

9.
a) Die Bremsverzögerung beträgt -5m/s^2.
b) Der Bremsweg beträgt 25 m + 62,5 m = 87,5 m.
c) Der Bremsweg beträgt nun 50 m + 250 m = 300 m.

10.
a) Der zurückgelegte Weg beträgt 29,5 m.
b) Der zurückgelegte Weg beträgt 39,5 m.

Freier Fall
11.
a) Der Körper legt in 2 s eine Strecke von 19,62 m zurück, in 4 s legt er 78,48 m zurück.
b) Der Stein trifft mit einer Geschwindigkeit von 50,5 m/s nach 5,2 s auf den Boden.

12.
a) Die Turmhöhe beträgt 78,5 m.
b) Die Auftreffgeschwindigkeit beträgt 39 m/s.
c) Die Hälfte des Fallwegs hat der Stein nach 2,8 s zurückgelegt.
d) Das Auftreffen hört man nach 4,23 s.

13.
a) Bei Vernachlässigung der Laufzeit des Schalls beträgt die Tiefe 103,8 m.
b) Unter Berücksichtigung der Schallgeschwindigkeit beträgt die Tiefe 92 m.

14.
a) Die Höhe des Turmes beträgt 19,6 m und die Flugzeit des Steins 2 s.
b) Die Auftreffgeschwindigkeit beträgt 31,8 m/s und der Winkel 38,1°.

15.
Die Wurfzeit beträgt 0,94 s und die Wurfweite 4,08 m.

16.
Der Radius der Umlaufbahn des Mondes um die Erde beträgt r = 384400 km.
Die Länge der Umlaufbahn U beträgt 2415256,4 km.
Der Mond bewegt sich mit einer Geschwindigkeit von 3683,6 km/h um die Erde.

3. Masse und Kraft

1.
F = 74,34 kN.

2.
F= 99,61 N

3.
F= 57,79 kN; α=36,7°

4.
Die Seilkräfte betragen S_1 = 83,34 N; S_2 = 122,23 N.

5.
S_{Seil} = 771,19 N; S_{Stab} = 757,02 N

4. Dynamik

1.
a) Die kinetische Energie beträgt 0,1295 Nm; die Geschwindigkeit v = 1,47 m/s.
b) Die Kugel erreicht eine Höhe von h = 0,22 m.

2.
a) Die Geschwindigkeit der beiden Körper nach dem Stoß beträgt 1,98 m/s.
b) Die Geschogsseschwindigkeit beträgt 992,4 m/s.

3.
a) Die Bremskraft F_{Br} beträgt 8,17 kN.
b) Der Bremsweg x_{Br} ist 334 m lang.

4.
Das Gespann setzt sich nach links in Bewegung. Die Beschleunigung beträgt 0,60 m/s².

5.
a) Die Anordnung setzt sich mit einer Beschleunigung von 0,88 m/s² in Bewegung.
b) Die maximale Geschwindigkeit beträgt 1,78 m/s.

c) Der zurückgelegte Weg beträgt 0,31 m.

6.

Die zuvor ruhende Masse bewegt sich mit 20 km/h. Die andere Masse ruht nach dem Stoß.

7.

Die Zugkraft beträgt 196,2 N, der Weg s_2 beträgt 3 m.

8.

Der Flaschenzug sollte vier tragende Seilstücke haben.

5. Arbeit, Energie und Leistung

1.

Hubarbeit	$W_H = m \cdot g \, (h_E - h_A)$
Reibungsarbeit	$W_R = F_R \cdot s$
Beschleunigungsarbeit	$W_B = \dfrac{1}{2} m \left(v_E^2 - v_A^2 \right)$
Federspannarbeit	$W_F = \dfrac{1}{2} k \left(x_E^2 - x_A^2 \right) \cdot s^2$
Volumenarbeit	$W_V = - \displaystyle\int_{V_1}^{V_2} p \cdot dV$

2.

Eine Kalorie ist die Energiemenge, die man benötigt um 1g Wasser um 1 K zu erwärmen. 1 cal = 4,1868 J.

3.

Die potentielle Energie hat sich um 1236,1 kJ erhöht.

4.

In den Äpfeln steckt eine Energie von 540 kcal = 2261 kJ.

5.

Die Drahtseilbahn vollbringt eine Leistung von 6,1 kW.

6.

Der Fahrstuhl vollbringt eine Leistung von 4,4 kW.

7.

Die Achterbahn hat auf der Höhe h_2 eine Geschwindigkeit von 8,63 m/s.

8.

Anne Taylor kam mit einer Geschwindigkeit von 31,3 m/s unten an.

9.

Die Kinder kommen mit einer Geschwindigkeit von 24,18 km/h an.

10.

Die Bergbahn leistet beim Hochziehen eines Wagens eine Arbeit von 250,7 Wh.

11.

Die maximale Zuladung beträgt 5,3 t.

12.

a) Die Leistung der Pumpe beträgt 1,88 kW.
b) Der Antriebsmotor muss eine Leistung von 2,35 kW haben.

13.

Es wird eine Energie von 3,53 kJ benötigt.

14.

Man benötigt eine Kollektorfläche von 28 m².

15.

a) Es ist eine Arbeit von 99,33 kWs erforderlich.
b) Die mittlere Leistung betrug 374,8 W.

6. Drehbewegung des starren Körpers

1.

Beim Rollen wird die Lageenergie in (lineare) Bewegungsenergie und Rotationsenergie umgewandelt. Je geringer das Trägheitsmoment J des Körpers ist, desto größer ist der Anteil der Bewegungsenergie und desto kleiner ist der Anteil der Rotationsenergie.

Da die Kugel von den 3 Körpern das geringste Trägheitsmoment hat und der Hohlzylinder das größte, hat die Kugel die größte Geschwindigkeit und der Hohlzylinder die kleinste. D.h. die Kugel kommt als erster Körper an, vor dem Vollzylinder und dem Hohlzylinder.

2.

a) Beim Herunterrollen längs der Schnur, wird potentielle Energie in kinetische Energie und Rotationsenergie umgewandelt. Nach dem Umkehrpunkt wird die Rotationsenergie durch Aufwickeln der Schnur wieder in potentielle Energie verwandelt.

b) Wenn man beim Herunterrollen des Jo-Jos die Schnur nach oben zieht, erhält das Jo-Jo eine höhere Winkelgeschwindigkeit und damit mehr Rotationsenergie als ohne dieses Ziehen. Bewegt man beim Hochwandern des Jo-Jos das Schnurende nach unten, kann das Jo-Jo mehr Schnur aufwickeln, während es die Rotationsenergie in potentielle Energie umwandelt.

3.

a) Die Winkelgeschwindigkeit beträgt 838 rad/s.

b) Die Winkelbeschleunigung war 7 rad/s^2.

4.

Die Winkelgeschwindigkeit beträgt 603 rad/min.

Der größte Durchmesser ist 82,9 mm.

5.

Die Winkelgeschwindigkeit beträgt 251,3 rad/s.

Die Winkelbeschleunigung war 62,8 rad/s^2.

6.

Die Geschwindigkeit der Kugel beträgt 3,74 m/s; die des Zylinders 3,62 m/s.

7.

a) Die Winkelbeschleunigung beträgt 22,8 s^{-2}.

b) Das Drehmoment beträgt $6{,}67 \cdot 10^{-4}$ Nm.

7. Schwingungen

1.
Die Beschleunigung auf dem Mars beträgt 3,68...m/s²

2.
Die Beschleunigung beträgt 9,77 m/s²

3.
a) Die Schwingungsdauer beträgt 1,26 s.
b) Die maximale Geschwindigkeit beträgt 0,65 m/s.

4.
Die Frequenz beträgt 9,1 Hz und die Kreisfrequenz 57,12 1/s.
Die Elongation ist 3,78 cm.

5.
a) Die Feder wird um 39,24 cm gedehnt.
b) Die Schwingung dauert 1,26 s
c) $s(t) = -10$ cm cos $(5s^{-1} \cdot t)$ und $v(t) = 50$ cm$\cdot$s^{-1}sin $(5s^{-1} \cdot t)$
d) Nach 0,396 s ist der Körper das erste Mal 4 cm oberhalb der Gleichgewichtslage mit einer Geschwindigkeit von 46 cm/s.
e) Die maximale Kraft ist 2,462 N. Die minimale Kraft ist 1,462 N.

8. Thermodynamik

1.
293,15 K

2.
36,85°C

3.
a) Der Prager Eiffelturm ist im Sommer 4,3 cm größer als im Winter.
b) Der Fahrstuhlschacht aus Holz verändert sich bei dem gleichen Temperatur-
    unterschied von 55 K um 2,6 cm.

4.
Der Aluminiumstab hat im Winter eine Länge von 3,197 m.

5.

Zum Schmelzen von 20 kg Eis einer Temperatur von 0°C benötigt man 6,7 MJ.

6.

Zum Schmelzen von 20 kg Eis einer Temperatur von −15°C benötigt man 7,3 MJ.

7.

Die Temperatur erhöht sich um 7,2 K.

8.

Der Kaffee kühlt sich auf 81,4°C ab.

9.

Zum Verdampfen des Wassers benötigt man 65,4 kJ.

10.

Es wird eine Wärmemenge von 25,58 MJ frei.

11.

Zum Schmelzen von 1 kg Eis werden 334 kJ gebraucht. Beim Abkühlen des Wassers auf 0 °C werden aber nur 83,72 kJ frei, d.h. es werden 0,25 kg Eis geschmolzen.
Das Wasser kühlt sich dabei auf 0 °C ab.

12.

Zum Erhitzen des Badewassers benötigt man 50232 kJ.

13.

Die spezifische Wärmekapazität beträgt 0,39 kJ/(kgK).

14.

Die spezifische Wärmekapazität beträgt 0,39 kJ/(kgK).

15.

Es werden 10,4 Sonnentage benötigt.

16.

95 % der Wärmeenergie sind zum Erhitzen des Wassers erforderlich und 5 % für den Topf.

17.
Das Eisen erwärmt sich um 0,42 K.

18.
Es wird eine Arbeit von 67,4 kNm verrichtet.

19.
Das Volumen beträgt 1,26 m³.

20.
a) Das neue Volumen beträgt 2,41 l.
b) Das Gas verrichtet eine Arbeit von 41,4 J.

21.
Es muss eine Arbeit von 34,2 MJ verrichtet werden.

22.
Es muss eine Arbeit von 1610 J zugeführt werden.

9. Elektrostatik

1.
Der Betrag der Feldstärke beträgt 8,98 MV/m.
Das Feld ist von der Ladung links unten zum Punkt P gerichtet.

2.
Die Beschleunigung beträgt $a = 4{,}39 \cdot 10^{15}$ m/s².
Beim Aufprall auf die positive Platte hat das Elektron eine Geschwindigkeit von
$V = 8{,}89 \cdot 10^{6}$ m/s.

3.
Das Feld, in dem das Wattestück schwebt, hat eine Feldstärke von $1{,}96 \cdot 10^{6}$ V/m.

4.
Die Feldstärke beträgt 20 kV/m.
Der Abstand d muss halbiert werden, damit sich die Feldstärke verdoppelt.

5.
Für den Weg in y- Richtung gilt:

$$y = \frac{a}{2}t^2 = \frac{e \cdot E}{2 \cdot m_e}\left(\frac{x}{v_0}\right)^2$$

6.

Der Pluspol der Spannung muss oben sein, d.h. die Feldlinien zeigen von oben nach unten, damit das Elektron nach oben abgelenkt wird.
Das Elektron benötigt $2{,}92 \cdot 10^{-8}$ s um die 30 cm zurück zulegen.

7.

$C = 0{,}7$ pF

8.

Die Kräfte sind gleich groß, aber entgegengesetzt gerichtet.

9.

Die Kapazität beträgt $C = 0{,}74$ pF.
Die Ladung beträgt $Q = 3{,}32 \; 10^{-11}$ C.
Die Feldstärke beträgt $E = 15$ kV/m.

10. Gleichstromkreis

1.

Der Durchmesser des Wolframdrahtes beträgt 0,56 mm. ($A = 0{,}25$ mm²)

2.

$R_{ges} = 5{,}45 \; \Omega$; $I = 2{,}2$ A; $I_1 = 1{,}2$ A; $I_2 = 0{,}6$ A; $I_3 = 0{,}4$ A

3.

$W = 0{,}167$ kWh
Der Preis beträgt 0,04 €.

4.

Wir nehmen $\Delta T = 90$ K an.
$Q_{Wasser} = 753{,}5$ kWs; $W_{Kocher} = 828$ kWs
$W_{Kocher} > Q_{Wasser}$
D.h. man kann das Wasser in 6 Minuten zum Kochen bringen.

5.

a) $m_{Wasser} = 64000$ kg;

   Die Wärmemenge beträgt $267,9 \cdot 10^3$ kJ, d.h. man benötigt 74,4 kWh.

b) Es müssen 273 m³ Wasser 100 m herab stürzen.

6.

$R_{12} = 7,5\ \Omega$; $R_{ges} = 9\ \Omega$

$I = 6V/(9\Omega) = 0,67$ A;

$I_1 = I_2 = 0,67A \cdot 15\Omega/(30\Omega) = 0,33$ A.

7.

$m_{Glas} = 3,375$ kg

$Q = 3,44$ kJ; $P = 28,7$ W

Es muss ein Strom von 2,39 A fließen.

8.

a) Der Ohmsche Widerstand beträgt 26,45 Ω.

b) Es wird eine Wärmemenge von 41,86 kJ benötigt.

   Die Zeit zum Erwärmen beträgt 26,16 s. ($P_{ab} = 1600$ W)

c) Die erforderliche Energie ist 52325 Ws = 14,5 Wh, der Preis beträgt 0,3 cent.

9.

Der Strom beträgt 0,183 A und die Klemmenspannung 11,91 V.

11. Elektromagnetische Wechselwirkungen

1.

Die Kraft beträgt 8,5 mN.

2.

Die magnetische Feldstärke beträgt 150 A/m.

Die magnetische Flussdichte beträgt 0,7 Vs/m² = 0,7 T.

Der magnetische Fluss beträgt 0,35 mWb

3.

a) Die Induktivität beträgt 23 mH.

b) Es wird eine Spannung von 46 V induziert.

4.

Der induktive Widerstand beträgt 25,1 Ω.

5.

a) Der kapazitive Widerstand beträgt 318 Ω und die Stromstärke 0,692 A.
b) $U = 311\,V \cdot \sin(314\,s^{-1}t)$ und $I = 0,978\,A \cdot \cos(314\,s^{-1}t)$

6.

Das Magnetfeld hat eine Stärke von 0,067 mT.

7.

Der Scheinwiderstand beträgt 200 Ω. Die Wirkspannung beträgt 9,6 V. Die Blindspannung beträgt 12,8 V. Die Gesamtspannung beträgt 16 V und die Phasenverschiebung beträgt 53,1°.

8.

Der Scheinwiderstand beträgt 24 Ω. Der Gesamtstrom beträgt 0,25 A, der Wirkstrom beträgt 0,15 A und der Blindstrom 0,2 A. Die Phasenverschiebung beträgt 53,13°.

9.

$$A(t) = A_0 \cdot \cos(\omega \cdot t)$$

Zeitliche Änderung des magnetischen Flusses:

$$\Phi(t) = B \cdot A_0 \cdot \cos(\omega \cdot t)$$

Induktionsgesetz

$$U_i = -N \frac{d\phi(t)}{dt}$$

$$U_i = B \cdot N \cdot A_0 \cdot \omega \cdot \sin(\omega \cdot t)$$

Der Ausdruck $U_i = B \cdot N \cdot A_0 \cdot \omega$ stellt U_{max} dar und ist konstant.

$U_i(t)$ hat somit den Verlauf einer Sinusfunktion.

Die Frequenz beträgt 50 Hz und $U_{max} = 1178,1$ V.

10.

Die Spule muss rechts einen Südpol haben. Dazu muss B mit dem Pluspol und A mit dem Minuspol der Spannungsquelle verbunden werden.

11.

Der Bahnradius beträgt 1,1 mm.

12.

Man kann mit dem Induktionsherd Energie sparen (ca. 10 %). Die Zeit für die Erwärmung ist deutlich kürzer als beim herkömmlichen Elektroherd, da nicht zuerst die Kochplatten und die Heizwendeln erwärmt werden müssen. Die Keramikplatte wird nicht sehr heiß. Der Induktionsherd reagiert auf Einstellungsänderungen ähnlich schnell wie ein Gasherd.

12. Geometrische Optik

1.

Der Spiegel muss 1 m hoch sein.

2.

Der Brechnungswinkel beträgt 19,5°.

3.

Die Brennweite beträgt – 4 cm und die Bildgröße – 4 cm.

4.

Die Brennweite der Linse beträgt 16 cm.

5.

Das Licht wird um 17° aus seiner ursprünglichen Richtung abgelenkt.

6.

Der Grenzwinkel der Totalreflexion beträgt 48,6°.

7.

Die Bildweite beträgt 233 mm und die Bildgröße 107 mm.

8.

Die Brennweite des Hohlspiegels beträgt 10 cm.
Der Gegenstand wird im Abstand von 12 cm scharf abgebildet.

9.

Die Bildweite beträgt 1,65 cm. Das Netzhautbild ist 0,99 mm groß.

Bildquellen

Beispiele für **vollständige Feststellungsprüfungen** sind zu finden unter:

http://www.studienkolleg.com/fsp-beispiele.

Danksagung

Als ich feststellte, dass es kein Physikbuch für das Studienkolleg gibt und ich mich entschloss, ein solches Buch zu schreiben, war ich sehr froh, Physik Libre nutzen zu können. In den Kapiteln zur Mechanik habe ich viele Textpassagen eng an die Texte von Physik Libre angelehnt. Mein Dank gilt den Personen, die Physik Libre der Allgemeinheit unter einer freien Lizenz zur Verfügung gestellt haben. Vielen Dank den folgenden Personen, die Beiträge zum Inhalt und zum Quellcode dieses Projekts geleistet haben: Born, Gerald; Fuchs, Georg; Müller-Angerer, Martin.

Für wertvolle Hinweise danke ich Wieland Müller von der Universität Landau.

Leipzig, im Februar 2024   Eva Lübbe

EvaLuebbe@aol.com